高水压下井壁混凝土及其结构耦合承载机理研究

薛维培　著

武汉理工大学出版社

内容简介

本书围绕"高水压下井壁混凝土及其结构耦合承载机理"开展研究工作,全书共包括 7 章,采用试样试验、理论分析、模型试验、数值模拟相结合的研究方法。在此基础上,明确了高水压作用下井壁混凝土单轴、三轴强度特性及其损伤演化机理;建立了能够体现井壁混凝土脆性损伤以及水力耦合影响的井壁临界突水水压解析解模型;给出了高水压作用下井壁结构侧向变形破坏和竖向变形破坏两种不同受力状态下的极限承载力计算公式;明确了地下水压对井壁结构及围岩的损伤影响规律。

本书主要读者对象是地下工程相关专业的本科生和研究生、混凝土力学与渗流机理研究者、水利水电建设和矿山开采工作者,本书可为相关从业人员提供重要的理论指导和技术支持。

图书在版编目(CIP)数据

高水压下井壁混凝土及其结构耦合承载机理研究 / 薛维培著. —武汉 : 武汉理工大学出版社,2021.9
ISBN 978-7-5629-6223-6

Ⅰ.①高… Ⅱ.①薛… Ⅲ.①混凝土井壁-井壁应力-研究 Ⅳ.①TD352

中国版本图书馆 CIP 数据核字(2021)第 110729 号

项目负责人:王兆国　　　　　　　责任编辑:雷红娟
责 任 校 对:陈　平　　　　　　　版面设计:匠心文化
出版发行:武汉理工大学出版社
地　　　址:武汉市洪山区珞狮路 122 号
邮　　编:430070
网　　址:http://www.wutp.com.cn
经　　销:各地新华书店
印　　刷:广东虎彩云印刷有限公司
开　　本:787mm×1092mm　1/16
印　　张:12.75
字　　数:166 千字
版　　次:2021 年 9 月第 1 版
印　　次:2021 年 9 月第 1 次印刷
定　　价:59.00 元

前　　言

我国浅部煤炭资源已接近枯竭,深部煤炭资源开采势在必行。井筒作为进入深部地层的唯一通道,新井建设时穿过含水不稳定冲积层厚度越来越厚。例如,龙固煤矿副井井筒穿过冲积层厚度达567m,万福煤矿主井井筒穿过冲积层厚度达754m,菏泽曹县煤田和阳谷-茌平煤田部分矿井开发设计方案中井筒需穿过冲积层厚度达800~1000m。由于深部地层水文地质条件复杂,具体表现为含水层多、含水量大以及地层稳定性差,无论是采用冻结法施工还是采用钻井法施工,建成后的煤矿井壁都将承受相当大的水压力。那么,在高压地下水耦合作用下井壁混凝土强度损伤演化特征及其结构耦合承载特性又将如何变化呢?这是一个值得研究的科学问题。

本书正是基于上述工程问题开展的基础科学研究,着重介绍了作者在高压水荷载直接作用下井壁混凝土强度损伤机理及其结构承载特性方面的研究成果。主要内容如下:

第1章　绪论。论述本书的研究依据与意义,对国内外研究现状进行综述,并详细列出本书的主要内容。

第2章　煤矿井壁混凝土的配制及主要物理力学性能试验。通过试验研究获得了高强高抗渗井壁混凝土的配合比以及基本物理力学性能参数,为后续研究提供参数支撑。

第3章　高压水荷载直接作用下井壁混凝土力学性能研究。开展高水压下井壁混凝土单轴压缩以及三轴透水试验,建立不同受力状态下井壁混凝土损伤演化模型。

第4章　高压水荷载直接作用下井壁混凝土强度特征研究。

开展高水压下井壁混凝土三轴压缩试验,明确水围压作用下常规、饱和、密封三种状态下井壁混凝土的强度特征及变形特性。

第5章 高压水荷载直接作用下井壁结构相似模型试验。通过模型试验研究获得高压水耦合作用下井壁结构在侧向、竖向两种不同加载方式下的承载变形能力,建立高压水耦合作用下井壁混凝土强度准则。

第6章 考虑混凝土脆性损伤及地下水渗流影响下立井井筒出水机理分析。基于流固耦合理论并考虑高强混凝土脆性损伤特性进行理论推导,得到井壁极限水压力弹塑性解析解。

第7章 井壁混凝土应力-渗流动态耦合数值计算。建立井壁与围岩共同作用时动态耦合数值计算模型,分析高水压作用对井壁结构造成的耦合损伤。

本书的研究工作依托安徽理工大学开展,得到了国家自然科学基金面上项目(51674006)、安徽省自然科学基金青年项目(1908085QE185)、中国博士后科学基金面上项目(2018M642502)、深部煤矿采动响应与灾害防控国家重点实验室资助项目(SKLMRDPC20ZZ05)、安徽理工大学引进人才基金项目等资助,在此表示衷心的感谢!

本书写作过程中参阅了大量的国内外文献,谨向相关文献作者表示感谢。由于本人水平有限,书中难免有不足之处,诚挚欢迎读者批评指正。

作者
2021 年 3 月

目　　录

1 绪 论

1.1 研究背景与意义

煤炭资源是一次性不可再生能源,而过去 30 多年国民经济高速发展使得煤炭资源消费量一直处于居高不下的状态,2012 年我国煤炭消费量首次在全球煤炭消费总量中占比超过 50%。有研究预测,即便到 2050 年经过产业结构调整后形成多元化新能源消费体系,煤炭消费比重也将由目前的 65% 左右降至 40% 以上,仍然稳居新能源消费体系首位[1]。全国煤炭资源普查预测报告显示[2],浅部煤炭资源已近枯竭,而深部还有大量闲置资源。为满足国民经济发展需要,大部分矿区均已掀起一股老井挖潜改造、新井开发建设的热潮,并取得了显著成绩。其中,据不完全统计,开采深度可达千米以上的矿井至少已有 47 处[3],例如,丰原矿业集团张集煤矿采深达 1200m,新汶矿业集团孙村煤矿采深达 1350m。随着开采深度的不断增加,煤矿立井井筒所需穿过的表土冲积层和基岩段厚度也将增加,其中山东万福矿风井穿过表土冲积层厚度最深达 750m[4],甘肃核桃峪副井穿过基岩段达 950m,且今后还将开发更深层的煤炭资源。在如此深厚的表土层与基岩段中建井,其水文地质条件十分复杂,主要表现在含水层多、含水量大以及地层稳定性差,无论是采用冻结法施工还是采用钻井法施工,建成后的井壁结构都将承受相当大的水压力[5-6]。

目前,我国煤矿立井井筒的主要筑壁材料是混凝土,为抵御高地应力、高静水压力等复杂外荷载作用,设计的井壁厚度大且混凝土强度等级高[7-8],井壁结构的承载能力得到显著提高,然而井壁浇筑时混凝土水化热明显,且属于大体积混凝土,加上施工工艺要求混凝土具有早强等特点,使得井壁极易产生裂纹,给井筒的防治水工作带来难题。另外,井筒在运营使用过程中井壁深埋于地下,受到自重、竖向附加力、侧向水土压力、温度应力等荷载影响,煤矿立井井筒将受到环向应力、竖向应力和径向应力作用,处于三轴受力状态。在当前井壁结构设计中,依旧参照我国现行《混凝土结构设计规范》(GB 50010—2010)确定井壁混凝土单轴抗拉、抗压强度设计值[9],尚未考虑到三轴受力状态下混凝土强度增强效应,设计参数较为保守。

事实上,煤矿立井井筒在几十年的服务期限内,井壁结构中的混凝土始终处于地下水位以下,特别是在深厚冲积层含水层段与含水基岩段,井壁混凝土将长期受到高压水荷载直接作用,并且随着新建矿井穿过的含水不稳定地层厚度的加深,混凝土井壁所需抵挡的地下水压力也将愈来愈大,那么井壁混凝土在高压水荷载作用下同时伴随着孔隙水渗流,混凝土强度及其损伤必然受到影响,而这种影响与目前研究较多的地面空气环境中混凝土强度发展及其损伤演化规律存在不同。那么,目前在井壁结构设计中采用地面结构混凝土的有关设计值计算处于高压水直接作用下井壁混凝土的强度就未必合理。也就是说,井壁混凝土在高压水荷载直接作用下强度特征与地面结构中的混凝土相比有何异同? 这是一个值得研究的科学问题。

关于损伤,井壁混凝土在浇筑、养护、成型过程中存在大量的微裂纹、微孔隙,它们给地下水的运移和贮存提供了条件。在深厚冲积层含水不稳定层段与含水基岩段,井壁混凝土处于高压水荷载长期作用下,混凝土外表面与内部形成一定的水力梯度,地下水在混凝土内部发生渗流。然而,孔隙水在微裂纹内发生渗流的过程给裂纹表面施加了面力荷载,产生劈裂力,此时相当于楔体的"楔入"作用[10],加速了混凝土内部微裂纹、微孔隙的扩展与贯通。随着微裂隙面积的持续增加,外界水通过表面裂纹渗入混凝土内部的阻力不断减小,加速了水的进入以及裂隙的进一步扩展,同时,裂隙的扩展又使得混凝土渗透系数增大,水在混凝土内渗流运动发生得更快,由此构成恶性循环[11]。由于混凝土中水的存在,一定程度上还会降低混凝土裂隙的表面能[12]。井壁混凝土长期处于这种恶性循环状态下必然对其物理力学性能和损伤演化构成不利影响,从而加剧混凝土力学性能的恶化,对煤矿井筒的安全使用构成威胁。因此,需要对这一科学问题进行深入研究,结合具体工程环境,开展相应条件下井壁混凝土应力渗流耦合损伤演化机理研究。

关于强度特征,需要考虑以下两个方面:第一是单轴强度问题,我国现行《混凝土结构设计规范》(GB 50010－2010)中的设计值主要是地面工程混凝土结构试验研究得到的,混凝土工作环境处于地面空气中,而穿过含水不稳定地层的煤矿井壁混凝土是处于地下水位以下,在含水层段混凝土处于高压水饱和状态。那么,这种在高压水饱和状态下混凝土和地面空气状态下混凝土强度特征相比有何异同?第二是多轴强度问题,《混凝土结构设计规范》(GB 50010－2010)中附录 C.4 规定了多轴应力状态下混凝土强度取值和验算方法,因此,井壁结构混凝土强度验算完全可以根据多轴应力状态进行。目前也有学者提出这种方法并应用于工程实际[13],但多轴强度的取值仍然是问题的症结所在,因为附录 C.4 中是采用机械荷载施加围压,纵使围压采用油泵通过压力油施加,试件也并未与压力油直接接触,类似于大多数假三轴试验一样,试件位于密封橡胶套内,混凝土与加载液不直接接触,在该种受力状态下混凝土抗压强度随着围压的增加而提高[14-15]。实际上,在深厚冲积层含水不稳定层段与含水基岩段,高压水荷载直接作用在井壁上,并没有试验过程中的封油橡胶套,那么在水力耦合作用下混凝土强度特征是否与密封试件试验结果一样？在井壁结构混凝土强度验算时是否可以直接引用规范值？由于目前这方面的研究资料还处于缺乏完善阶段[16-17]，为确保在深厚含水不稳定地层中井壁结构设计既安全可靠又科学合理，同样需要对这一科学问题进行深入的基础研究。

综上所述，本书将采用混凝土力学试验、模型试验、理论分析、数值计算等相结合的研究手段，针对高压水荷载直接作用下煤矿井壁混凝土耦合损伤机理和强度特征进行系列研究，预期得到高压水荷载直接作用下井壁混凝土耦合损伤演化方程及其本构模型，以及围压和孔隙水压共同作用下井壁混凝土全应力应变过程渗透率演化概念模型；获得高压水荷载直接作用下井壁混凝土强度变形特征，建立井壁混凝土在高压水荷载直接作用下的强度破坏准则。研究成果将为深厚含水不稳定地层中井壁结构的合理设计和安全使用提供基础理论依据；同时也为我国现阶段正在建设的跨江河海隧道、山岭隧道、水电大坝等重大民生项目中涉及的相关问题提供分析借鉴，总体而言具有较为广阔的应用前景。

1.2 相关研究进展和基础

1.2.1 深厚含水不稳定地层煤矿井壁结构研究

洪伯潜院士[18]在给内层钢板混凝土复合井壁施加水平机械荷载时，就其力学特性进行了深入分析，认为采用钢板约束内层井壁的方式，能够有效减少复合井壁径向应变，增强井壁延性，提高承载能力。

崔广心、杨维好等[19]采用液囊施加荷载的方式，开展了沥青夹层复合井壁结构力学特性研究，掌握了复合井壁结构中外壁所受竖向附加力及其传递到内层井壁时应力分布规律，同时指出沥青夹层复合井壁结构可以起到减小竖向附加力的作用。

姚直书、程桦等[20-23]通过液压油模拟水平荷载对高强钢筋混凝土井壁结构、钢筋钢纤维高强混凝土井壁结构、双层钢板高强高性能混凝土井壁结构以及内层钢板高强钢筋混凝土井壁结构均进行了大量的力学性能试验和破坏特征研究,得到了不同井壁结构形式下应力、应变、位移相互之间的关系,并根据试验结果通过理论推导建立相应井壁结构极限承载力计算公式。

韩涛等[24]通过竖向加载和水平加载两个阶段对钢骨钢纤维混凝土井壁结构的水平极限承载特性进行试验研究,指出钢骨钢纤维的加入有效改善了混凝土的脆性特征,使其延性和塑性变形能力更佳,从而使得井筒整体承载能力得到提高。

黄家会和杨维好[25]在自建大型竖井模拟试验装置的基础上,进行相似模型试验,研究冲积层疏排水过程煤矿井壁竖向附加力的变化规律,分析认为竖向附加力与井筒埋深、含水层降压量、土层中粗颗粒含量等因素有关,提出一种新型井壁结构形式,可防范竖向附加应力过大造成的井壁破坏。

周晓敏、周国庆等[26]通过准平面应变试验台系统进行了高水压基岩竖井井壁模型试验,研究了基岩段井筒在高水压作用下内外壁应变与位移的变化规律,指出静水压力、围岩厚度、剪切模量和井壁厚度为影响井壁内缘位移的主要因素。

经来旺、高全臣等[27]利用热胀冷缩原理、热弹性理论和Winkller地基模型,推导出了煤矿冻结壁解冻期间井壁应力分布规律,并对该期间井壁所承受的各项外力因素进行探讨,认为井壁破裂的主要原因是温度上升。

崔广心[28]认为井壁受力计算不应采用平面力学问题进行处理,而应从三维空间应力出发,采用解析分析法对井壁应力及其在强度理论中的破坏位置进行研究,提出深厚表土层中井壁应按照三维空间受力进行应力计算和结构设计。

杨更社和吕晓涛[29]对不同冻结温度梯度状态下煤矿井筒穿过的砂质泥岩分别进行单轴和三轴受力状态下力学性能研究,其研究成果可为煤矿井壁及冻结壁提供合理的设计参数。

荣传新、王秀喜等[30]将煤矿立井井壁混凝土作为多孔介质材料进行分析,基于流固耦合理论研究地下水渗流作用对井壁承载力的影响,并根据理论推导得到了混凝土井壁弹性区和塑性损伤区应力解析表达式。

周晓敏、陈建华等[31]针对孔隙型含水基岩段井壁设计现况,给出了考虑地下水和围岩相互作用情况下的井壁设计公式,初步探讨了地下水压、有效应力、地层剪切模量、衬砌尺寸等因素对井壁受力、厚度设计的影响。

通过上述文献介绍可知,目前在井壁结构力学特性试验研究方面大多未考虑高压水荷载直接作用对井壁力学性能的影响,试验过程中较多地采用油缸和液囊施加荷载[18-19],采用液压油进行模型试验时[20-23],也是在井壁外表面包裹一层环氧树脂密封层,阻止液压油与井壁混凝土直接接触。周晓敏教授意识到水压会对井壁混凝土产生影响,其研究侧重于水压力作用下围岩与井壁的共同作用,其中虽有一组试验无围岩水压直接作用于井壁上[16],但其研究重点不在于高压水荷载直接作用下井壁混凝土强度特性和损伤演化研究。在井壁破裂原因分析方面均从井壁应力分布规律着手并进行相关预测,未能考虑到水压力对井壁混凝土力学性能的损伤影响。荣传新教授在井壁结构设计理论分析方面基于流固耦合理论进行井壁突水机理分析,井壁混凝土本构模型采用的是双线性模型,这与混凝土实际应力-应变曲线走势相差较大,同时也没有结合水压力作用下混凝土真实强度准则进行分析。上述关于水压力作用下煤矿立井井壁的研究成果已较为丰硕,但科学技术的不断发展,必将加深和更新人们对煤矿井筒各方面性能的认识,研究的切入点和高度必将再上一个台阶,今后,关于高压水作用下的煤矿立井井筒各方面性能特征的研究必将是井巷工程科研工作者研究的重点和热点,必将越来越受关注。

1.2.2 井壁混凝土研究

混凝土是由水泥、粗细骨料、掺合料、水拌和而成的具有一定承载能力的人工石,因其材料容易就地获取,且可塑性高,能够满足结构设计要求,目前普遍应用于工程建设中[9]。与地面工作环境中的混凝土结构不同,煤矿立井井筒长期深埋于地下,因此对作为井筒的主要筑壁材料的井壁混凝土各方面性能均提出了新的要求。

薛维培等[32]指出冻结条件下井壁混凝土应具有早期强度高、抗冻性强、水化热低、耐久性好等特性,并进行了高强高性能混凝土的配制工作,得到了符合承载力要求的最优配合比并成功应用于现场工程实践中。

李武和朱合华[33]基于大粒径高流态混凝土施工速度快、浇筑质量好的特点,研究配制出满足井下管道下料要求的大粒径高流态井壁混凝土,并在井下820m环境下得到成功应用。

姚直书等[34]为解决冻结井壁易产生裂纹和渗漏水问题,提出在原有井壁混凝土配合比材料中添加聚丙烯纤维和膨胀剂,以达到改善混凝土抗开裂和抗渗能力的目的。

杨明飞[35]针对井壁混凝土在负温条件下凝结、硬化难的问题,配制出了适用于负温早强流态井壁混凝土的多功能复合防冻剂,分别就多功能复合防冻剂中高效减水剂和防冻剂掺量对井壁混凝土强度及凝结时间的影响进行了详细分析。

徐晓峰[36]开展了水压作用下混凝土试件的力学性能试验,详细研究了孔隙水压分别在0MPa、1MPa、2MPa、3MPa、4MPa、6MPa、8MPa时,高强井壁混凝土的破坏形态、抗压强度、弹性模量以及应力-应变曲线发展情况。

王衍森、黄家会等[37]根据冻结井外壁混凝土早期所处的特殊养护环境,采用对比分析的方法进行了外壁混凝土早期强度增长规律现场试验和实验室试验,研究指出由于受到混凝土水化热的影响,现场试验条件下测得的混凝土强度增长速度明显大于标准养护条件下混凝土试块强度增长速度,且龄期越短,两者差异越大。

刘娟红、陈志敏等[38]通过分析井筒在施工期间所受各种荷载,认为井壁混凝土在未达到设计强度时已承受各种复杂应力作用,这将导致井壁混凝土强度降低,同时抗渗性也会随之减弱,研究了早龄期荷载及负温耦合作用下,加入仿钢纤维对井壁混凝土抗压强度、氯离子扩散性能的影响,并对其发生机理进行了深入分析。

黄琦和胡峰[39]从理论分析和试验出发对不同龄期井壁混凝土受爆破震动后终凝强度的变化规律进行研究,得到了爆破震动对混凝土强度的影响与受震时龄期的变化的关系。

单仁亮等[40]通过相似模型试验研究了爆破施工对井壁混凝土的损伤影响,超声波测试技术显示爆破后井壁混凝土波速稍有降低,爆破对混凝土产生的损伤影响较小。

刘娟红、卞立波等[41]通过超声回弹法分别对过水面、干湿交替面、未过水面的井壁混凝土进行回弹强度及腐蚀程度检测,并采用EDS、XRD、SEM对不同井深被腐蚀的井壁混凝土进行细观研究,分析了环境介质对混凝土中C-S-H胶凝结构的影响。

李旭绒、纪洪广等[42]通过测定井壁混凝土在不同浓度复合盐害溶液浸泡下抗折强度与抗压强度,指出高强井壁混凝土的抗折强度和抗压强度均表现出先增加后减小的变化趋势,且抗折强度变化比抗压强度更复杂。

由上述文献介绍可知,目前在煤矿井壁混凝土研究方面研究内容和研究手段众多,概括为以下四点:井壁混凝土配制研究、井壁混凝土强度研究、井壁混凝土损伤研究以及地下水对井壁混凝土腐蚀研究。但就目前文献查阅结果来看,尚未发现涉及高压水荷载直接作用下井壁混凝土耦合损伤机理及其强度准则研究的文章,可见关于煤矿井壁混凝土这方面的研究尚处于空白。井壁混凝土配制主要是根据工程实际需要配制出高强度、高流态、防裂抗渗性好的高性能混凝土;井壁混凝土强度方面的研究大多是围绕其所处的特殊环境对强度增长规律进行研究;井壁混凝土损伤方面的研究主要集中在开挖爆破对其初凝时间、终凝强度及波速的影响;地下水对井壁混凝土腐蚀方面的研究也未能涉及混凝土强度特征以及损伤影响。然而,深厚含水不稳定地层中的井壁混凝土长期处于高压水荷载直接作用,由前述分析可知在地下水压力作用下,井壁混凝土将产生恶性循环,对其内部损伤构成影响,从而使其力学性能发生变化,影响井筒的安全使用,为此有必要对这一工程实际问题进行研究。

1.2.3 应力场与渗流场耦合分析研究

在深厚含水不稳定地层中,煤矿立井井筒经常会出现渗漏水现象,这是因为在井壁浇筑及施工过程中不可避免地会有微裂纹产生[43]。地下水顺着微裂纹通道渗入井壁混凝土内部,且随着水压力的增大,混凝土井壁内外表面水力梯度增大,地下水在混凝土内渗流运动更加明显,使得内部渗流场发生变化,微裂纹扩展贯通加剧,渗透系数增大,继而影响混凝土内部应力场的分布,应力场的改变又反过来影响微裂纹的发展,对混凝土的渗透性能构成影响,水压力作用下的井壁混凝土内部应力场与渗流场始终处于动态变化中直到最终达到某种动态平衡。两种事物之间的这种相互影响、相互作用,称为应力场与渗流场的耦合,通常也被称为流固耦合或水力耦合[44]。

最早研究应力场与渗流场耦合作用的是美籍奥地利土力学专家 Terzaghi[45],他最先提出了一个理论模型用以描述孔隙流体对土体准静态变形的影响,但是该模型只适用于一维固结,随后 Rendulic 将其推广到三维状态[46]。Biot 提出了针对渗流-应力耦合机制的线弹性孔隙理论模型,并在此基础上对该理论模型进行了改进[47-49]。Rice 和 Cleary 将模型中的弹性孔隙参数与岩土力学中熟悉的概念相联系[50],方便了应用,关于此方面的工作大多是围绕 Biot 的研究成果进行完善和扩展的,特别是围绕孔隙介质的各向异性进行展开。另一方面,人们还通过混合物理论建立了另一种流固耦合模型。De Boer 所在的科研团队克服重重困难,花费多年心血,最终建立了考虑体积分数变化的多孔介质理论[51]。Coussy 等在深入分析 Biot 理论和混合物理论各自特点的基础上,搭建了一座桥梁将两者联系起来[52-53]。

当前,在岩土工程研究方面已越来越多地考虑到应力场与渗流场的耦合作用效应,但很少涉及混凝土井壁流固耦合研究,这是因为科研工作者的研究重心大多与解决当前主流工程实际应用问题相关,例如深基坑降水过程中应力场与渗流场耦合问题[54],放射性核废料处理过程中应力场与渗流场耦合问题[55],无限深透水土石坝的应力场与渗流场耦合问题[56],以及坝基岩体应力场与渗流场耦合流变模型的研究[57]、应力场与渗流场耦合作用下岩石损伤破裂对煤层底板突水机理的研究等[58]。由此可见应力场与渗流场耦合方面的研究已经成为土木工程学科研究的热门课题,采用应力场与渗流场耦合分析的方法将使得研究结果更加贴近工程实际,方案设计更加科学合理。

Brace[59]率先研究了在孔压和围压共同作用下岩石的渗透率变化情况,作为第一位结合应力状态研究岩石渗透率的学者,在大量试验的基础上分析指出,以孔隙为主的岩石,其渗透率随着孔隙压力的增大而增大,随着有效应力的增大而减小。

Louis[60]通过收集与整理现场大量的岩体内钻孔压水试验数据,并对其正应力与渗透系数的关系进行详细研究分析,最后得到两者间的经验公式:

$$k = k_0 \mathrm{e}^{-a\sigma} \tag{1-1}$$

式中　σ——压应力, $\sigma = \gamma h$;

　　　　γ——岩体密度;

　　　　h——岩体所处深度;

　　　　k_0——岩体初始渗透系数;

　　　　k——岩体渗透系数;

　　　　a——常系数。

Oda[61]基于裂隙网络三维几何状态进行分析,以岩体节理统计为依据,首次使用渗透率张量的概念,采用裂隙网络几何张量将岩体渗透张量与弹性张量有机结合起来,给出了更为严谨的岩体应力特性和渗流特性之间的内在关系。

Popp[62]详细研究了盐岩在多轴受力加载过程中波速和渗透率的变化情况,以及加载过程中内部裂隙萌生、拓展、贯通情况,指出由于岩体杂质含量以及晶粒尺寸不同,故其渗透率存在差异。

Samimi[63]在研究饱和多孔介质应力场与渗流场耦合作用时,采用无单元伽辽金算法进行数值模拟分析,并在结构物基础的稳定性分析中成功应用了该项研究成果。

Graziani[64]在应力场与渗流场耦合计算模型的基础上,采用数值模拟的方法,详细研究了渗透压力和孔隙压力分别对深埋富水隧道应力以及位移的影响,结果表明数值计算精度较高,与现场实测数据比较吻合。

常晓林[65]在 Louis 提出的正应力与渗透系数呈幂指数函数关系的基础上进行修正,给出了渗透系数与体积应变相关的表达式:

$$k_H = k_{H0} \exp(-a \cdot \varepsilon_v) \tag{1-2}$$

式中　k_{H0}——岩体初始渗透系数;

　　　　k_H——岩体渗透系数;

　　　　ε_v——体积应变;

　　　　a——常系数。

郭雪莽[66]在大量试验的基础上,对试验数据进行回归分析,提

出了应变场与渗流场的耦合分析模型,并给出相应条件下的经验公式,如下所示:

$$k = k_0 \left[1 - \frac{\varepsilon_n}{\alpha + \beta(1-\alpha)} \right] \qquad (1\text{-}3)$$

式中 α ——岩层与结构面厚度比值;

β ——岩层与结构面弹性模量比值;

k_0 ——初始渗透系数;

ε_n ——岩体裂隙应变。

徐献芝等[67]考虑到多孔介质本体变形和结构变形的影响,提出了一种新的有效应力原理,认为孔隙度与孔隙水压力呈非线性关系,并指出两者的变化关系与它们的初始状态有关,同时给出了新的有效应力表达式:

$$\sigma = u \cdot \varphi + \sigma^E \cdot (1-\varphi) \qquad (1\text{-}4)$$

式中 φ ——多孔介质孔隙度;

u ——多孔介质孔隙水压力;

σ^E ——固体颗粒内部应力。

王伟、徐卫亚等[68]在试验的基础上,详细研究了不同渗透水压、围压作用下花岗岩的渗透性能,给出了体积应变和渗透系数的关系表达式:

$$k = \begin{cases} a_0 \exp(-b_0 \varepsilon_v) + c_0 & (\varepsilon_v \leqslant \varepsilon_{vr}) \\ a_1 \ln(\varepsilon_{vr} - \varepsilon_v + b_1) & (\varepsilon_v > \varepsilon_{vr}) \end{cases} \qquad (1\text{-}5)$$

式中 k ——岩体渗透系数;

ε_v ——岩体扩容阶段体积应变;

ε_{vr} ——岩体最大压缩体积应变;

a_0 , a_1 , b_0 , b_1 , c_0 ——参数。

陈子全、李天斌等[69]通过对流固耦合作用下砂岩进行声发射试验,指出流固耦合作用下岩体的破坏特征最终由压制剪切向压制张裂变化,岩体破裂脆性特征增强。

贾善坡、龚俊等[70]在考虑自愈合效应的基础上，建立了反映实际施工条件的岩体应力-渗流耦合数学模型，并采用N-M算法(Nelder-Mead)和精确罚函数，对岩体孔隙水压力值、渗透系数进行反演。研究表明该模型能够很好地描述现场施工情况，反演所得的孔隙水压力值以及渗透系数与现场工程实测值接近。

综上所述，目前关于应力场与渗流场耦合研究大多集中在低围压、低渗透压作用下的岩石流固耦合分析计算模型以及流固耦合作用下数值模拟等方面，然而混凝土与岩石属于两种不同性质的材料，相应的模型建立与计算参数取值势必不同。本书的研究对象是深厚含水不稳定地层中的煤矿井筒，地下水压力随着井筒埋深的增大而逐步增加，井壁混凝土将承受高渗透压力的作用，在应力场与渗流场耦合作用过程中，同时还会产生损伤影响，而损伤对混凝土力学性能有决定性作用，故在煤矿井壁混凝土耦合分析时不能忽略。

1.2.4 混凝土耦合损伤研究

混凝土在浇筑、成型、养护过程中会产生大量微裂隙、微孔隙等初始缺陷，对混凝土的强度构成影响，此处称之为初始损伤[71]，后期在外部因素(腐蚀、荷载、温度等)作用下，初始损伤就会继续拓展、贯通，形成宏观裂纹，最终导致结构破坏。Kachanov于1958年第一次建议材料受损时连续性能变化过程可用连续性变量描述，Rabotnov在此基础上对其进行了补充完善。Doujill于1976年率先将损伤力学引入混凝土的研究中，揭开了用损伤力学研究混凝土疲劳累积以及本构模型的序幕。

Bary等[72]通过试验测得不同温度条件下混凝土力学性能及渗透系数等相关物理力学参数变化情况，在对试验数据进行分析、评价、比较的基础上，基于Biot三维固结理论建立了混凝土热-水-力耦合损伤演化方程。

Pignatelli[73]等通过试验研究了碱-硅反应对混凝土的损伤影响,指出混凝土化学损伤是由碱-硅反应过程中产生的内部作用力作用于混凝土骨架引起的,而力学损伤表现为外部荷载作用下强度和刚度的退化,并验证了化学损伤计算模型的正确性,最后结合上述研究成果给出了化学-力学耦合作用下混凝土损伤计算模型。

Kaji[74]等研究了冷凝水对混凝土结构断裂损伤的影响,着重分析了高应变加载速率下孔隙水压力对混凝土力学性能的影响。

翁其能、吴秉其等[75]通过试验得到混凝土材料渗透系数与裂缝开度之间的关系,从而建立了渗透与损伤之间的关系。

白卫峰、陈健云等[76]基于 Terzaghi 有效应力原理,通过一系列理论推导,最终得到饱和混凝土在动态应变效应影响下单轴拉伸统计损伤演化方程,认为混凝土自身的惯性效应是细观损伤演化过程改变以及材料破坏的原因。

李忠友和刘元雪[77]从混凝土变形破坏过程中能量耗散特征出发,基于 Lemaiter 应变等价性假说和能量守恒原理建立了力学损伤演化方程,同时考虑到高温引起的热损伤对混凝土力学性能和力学损伤演化规律的影响,建立了热-水-力耦合损伤本构模型。

黄瑞源、李永池等[78]将有核长大模型思想和等效微孔洞体系概念有机结合,再由相关物理关系推导出了脆性材料在压剪耦合下损伤演化方程,并将该方程应用到混凝土脆弹性损伤软化本构模型中,很好地揭示了混凝土压剪耦合损伤发展的宏观机制。

赵吉坤、张子明等[79]假定混凝土是由砂浆、骨料、界面以及内部细观缺陷组成的复合多相材料,在此基础上建立了混凝土细观力学模型,给出混凝土弹塑性损伤-渗流耦合本构方程,并利用数值模拟技术探讨了基于细观尺度的混凝土弹塑性损伤-渗流耦合问题。

陈有亮、邵伟等[80]根据损伤力学基本理论,通过假设与推导得到饱和混凝土在单轴压缩状态下弹塑性损伤本构方程,同时联合 Terzaghi 有效应力原理,指出结构有效应力和本体有效应力是引起材料损伤的根本所在。基于应力平衡理论分别建立了上述两种有效应力作用下的饱和混凝土本构方程,继而给出相应条件下损伤演化方程。

田俊和王文炜[81]通过对高性能混凝土在冻融-荷载耦合作用下的试验研究,给出了相应条件下混凝土损伤度模型,该模型可以很好地反映出混凝土所受应力、相对动弹性模量、抗拉强度及循环次数对其损伤度的影响。

目前,国内外专家学者针对混凝土耦合损伤研究已取得了丰硕的成果,研究的方法主要是进行试验研究和理论分析,研究的出发点主要是围绕建立不同情况下混凝土耦合损伤方程以及对表征混凝土损伤情况的力学性能参数进行分析,其中已建立的耦合损伤方程有热-水-力耦合损伤演化方程、化学-力学耦合损伤演化方程、压剪耦合损伤演化方程等,然而上述研究一方面由于研究对象中混凝土强度等级低,且养护和工作环境与煤矿立井井壁混凝土不同,很难使用某一具体模型来反映高压水荷载直接作用下的煤矿井壁混凝土耦合损伤情况;另一方面,目前关于混凝土水力耦合的研究大多是在低围压饱和水状态下进行的,与本书研究的实际工程现况显然不符,若想准确掌握高压水荷载作用下井壁混凝土的耦合损伤关系,必须对其进行专项研究。

1.2.5 水荷载作用下混凝土研究

过去关于混凝土力学性能研究大多是在地面空气环境下进行的[82-86],近年来国内外学者注意到混凝土在有水环境中物理力学性能与空气环境中存在较大的差异,对自由水饱和状态下(水压为零时)以及低水压状态下混凝土的动静态抗拉、抗压强度,弹性模量等方面进行了研究。

Ross[87]通过试验对比分析了不同加载速率下干燥和饱和两种状态混凝土的抗拉、抗压强度变化情况,指出在较低加载速率下,饱和混凝土抗压强度较干燥混凝土有所降低;在较高加载速率下,饱和混凝土抗拉强度较干燥混凝土有所提高。

Tetsuri 和 Chikako[88]研究了饱和混凝土力学特性与应变速率之间的关系,指出随着应变速率增大,饱和混凝土抗压强度逐步提高。

Yaman[89-90]分别对干燥和潮湿两种状态下混凝土力学性能进行试验研究,着重分析了两种状态下混凝土弹性模量不同的原因,同时给出不同湿度条件下混凝土弹性模量的变化规律。

Rossi[91]对湿态混凝土在动力条件下抗拉性能变化机理进行了研究,指出自由水的存在是引起混凝土在高应变速率加载状态下抗拉强度提高的根本原因。

Oshita[92]通过试验探究了混凝土内孔隙水压力随外荷载变化的情况,针对孔隙水在混凝土内的移动建立了相应的分析计算模型,运用该模型可以很好地解释孔隙水压力对混凝土强度的具体影响。

Bruhuwiler 和 Saouma[93-94]对混凝土试样进行了水力劈裂试验,探究了表观断裂韧度以及断裂能受裂缝中静水压力影响的变化情况,同时对水力劈裂过程中裂纹宽度、裂纹内水压力分布与水压力之间的关系进行了详细分析。

Tinwai 等[95]从理论出发分析了在地震荷载作用下混凝土大坝水力劈裂过程中裂纹内水压力分布情况,给出了相应条件下水压力分布计算公式。

Candoni 等[96]采用声发射试验研究了湿态混凝土在不同加载速率下抗拉强度的变化规律。

Bourgeois、Shao 等[97]研究了不同含水率对混凝土强度的影响,并建立了相应条件下弹塑性计算模型。

Der Wegen 等[98]对浸泡在不同静水压力下的混凝土试件进行单轴压缩试验,发现静水压力大小对其结果影响不大。

Bjerkeli 等[99]指出若能确保混凝土试验阶段施加的水压力与浸泡养护阶段施加的水压力大小一致,则由试验结果可以看出混凝土抗压强度并未受到水压力的影响而发生明显减小。

李庆斌、陈樟福生等[100]分别对 0MPa、2MPa、4MPa 不同水荷载作用下混凝土强度进行试验研究,结果表明密封条件下混凝土试件无论是处于饱和状态还是干燥状态强度都会随着围压增大而增大,不密封条件下混凝土试件强度普遍降低或接近单轴抗压强度,且干燥状态下混凝土试件强度降低幅度更大。

贾金生、李新宇等[101]通过对混凝土试件进行高压水(最高水压 2.4MPa)劈裂试验,模拟无拉压应力状态下混凝土结构的水力劈裂问题,指出特高重力坝的设计应遵循抗滑稳定性准则,按无拉应力设计,同时还应考虑高压水的劈裂影响。

李宗利和杜守来[102]将标准混凝土试件置于不同水压力作用下(最高水压 2.5MPa),研究了渗透孔隙水压对混凝土声速、强度、含水量以及弹性模量等宏观指标的影响。

胡伟华、彭刚等[103]通过试验研究了饱和水状态和自然状态下混凝土单轴抗压强度,分析指出无论是在低应变速率下还是高应变速率下,混凝土处于饱和水状态下的强度增幅均比自然状态下的大得多。

孔祥清、王学志等[104]采用恒定轴向拉力加水压力和恒定水压力加轴向拉力两种加载方式,对混凝土试件进行机械荷载和水压力联合作用下的轴向拉伸试验,得到了混凝土断裂的荷载-应变变化规律。

田为、彭刚等[105]通过对处于不同大小围压水环境中以及不同应变速率作用下的混凝土试件进行常规三轴动态抗压试验,分析了有压水环境下混凝土率效应特性,并给出相应条件下动态本构模型。

白卫峰、解伟等[106]对复杂应力状态下孔隙水压力对混凝土抗压强度的影响进行了理论研究,指出饱和混凝土在准静态各种应力作用下抗压强度均有所降低,且受初始静水压力、孔隙率以及加载路径的影响。

王海龙和李庆斌[107]分别对围压下裂纹中自由水影响混凝土力学性能的机理、饱和混凝土动静力抗压强度变化的细观力学机理、水饱和混凝土静力抗拉强度降低细观机理及本构模型进行了系列研究,取得了较为丰硕的研究成果。

黄常玲、刘长武等[108]通过理论分析孔隙水压力和当前孔隙率对饱和混凝土微裂纹演化及宏观力学性能的影响,确定出真实水压力作用下混凝土Ⅰ、Ⅱ型裂纹应力强度因子及复合型裂纹张拉破坏和剪切破坏的主导条件,认为水围压的存在可以提高饱和状态下混凝土的抗压强度。

由上述研究成果可知,目前对水荷载作用下混凝土的研究主要分为试验研究和理论分析两大类。试验研究主要是围绕干燥和饱和两种状态下不同应变速率对混凝土抗拉、抗压强度的影响展开的,极少把水压力大小作为影响因素加入对比试验中;理论分析方面主要是建立相关模型进行分析论证。同样,由于混凝土的使用环境、工程背景各不相同,很难将现有的研究成果应用到高压水荷载长期作用下的煤矿井壁混凝土研究中,并且目前考虑到的最大水压力与深厚含水不稳定地层井壁混凝土承受的水压力相比仍然较小,不能全面说明问题,此外均没有建立相应水荷载直接作用下井壁混凝土相关强度准则,所以说目前在高压水长期作用下井壁混凝土强度特征研究方面尚处于空白,为确保井壁结构的安全有必要对其进行研究。

1.3　本书研究内容

本书研究的初衷是针对当前我国煤矿新井建设时井筒穿过的

含水不稳定地层越来越厚,且今后势必还要开发埋深更为深厚的煤炭资源,建成后的立井井筒在深厚冲积层含水层段与含水基岩段井壁混凝土将承受相当大的水压力作用,且受力环境与目前混凝土强度试验中所施加的机械荷载环境也不尽相同。因此,在这种情况下进行煤矿井壁结构设计时,必须考虑到井壁混凝土在高压水荷载直接作用下应力渗流耦合损伤效应和强度变形特征,只有这样才能使得井壁结构设计更加科学合理。为此,本书主要开展以下几方面研究:

(1)高压水荷载直接作用下井壁混凝土耦合损伤演化机理及本构模型研究

以损伤力学、混凝土强度理论为指导,同时结合相关试验研究,开展高压水作用下井壁混凝土耦合损伤演化机理分析,揭示井壁混凝土在高压水作用下损伤演化机理,建立高压水荷载直接作用下井壁混凝土本构模型。

(2)高压水荷载直接作用下井壁混凝土水力耦合渗透性研究

开展高压水荷载直接作用下井壁混凝土全应力应变过程渗透性试验研究,根据试验结果分析不同应力阶段井壁混凝土渗透性演化规律及其对应的变形破坏特征,以及不同试验条件下峰值强度变化情况,建立高压水荷载直接作用下井壁混凝土渗透率演化概念模型。

(3)高压水荷载直接作用下井壁混凝土强度特性及变形破坏特征

开展高压水荷载直接作用下井壁混凝土三轴强度试验,结合井壁混凝土真实工作环境,分别研究饱和、常规、密封三种状态下井壁混凝土在高压水作用下的真实强度变化及变形破坏情况,以期获得高压水荷载直接作用下井壁混凝土强度特征。

(4)高压水荷载直接作用下井壁混凝土强度准则

开展高压水直接作用下井壁结构模型试验,研究混凝土井壁在高压水荷载直接作用下力学特性变化情况及变形破坏特征,由试验结果结合混凝土强度理论,建立高压水作用下井壁混凝土强度准则,为煤矿井壁的真实可靠性分析提供理论依据。

(5)考虑井壁混凝土脆性损伤特征及地下水应力渗流耦合影响下的煤矿立井井壁出水机理分析

将高强混凝土脆性损伤特征纳入影响因素范围内,同时结合混凝土强度理论和地下水渗流理论,假定地下水在井筒内渗流满足达西渗流条件,通过理论推导得到煤矿立井井壁极限水压力弹塑性解析解,并对影响极限水压力和塑性损伤半径的主要因素进行分析探讨。

(6)高压水荷载直接作用下混凝土井壁动态耦合数值计算

考虑应力场与渗流场两者之间的耦合影响效应,且认为渗透系数和孔隙率是处于动态变化状态的,基于 ABAQUS/CAE 应力渗流分析模块进行数值计算,分析相应条件下模型的应力损伤变化情况。

本书采用混凝土力学试验、相似模型试验、理论分析、数值计算相结合的方法,以高强高抗渗煤矿井壁混凝土配制为基础,先后开展高压水荷载作用下井壁混凝土单轴压缩试验、全应力应变渗透性试验、三轴强度试验,建立井壁混凝土在高压水作用下耦合损伤演化方程及其本构模型,获得井壁混凝土全应力应变过程与渗透性之间的概念演化模型,得到高压水作用下井壁混凝土的强度特征,再结合相似模型试验建立高压水直接作用下井壁混凝土破坏准则,同时通过理论推导得到考虑地下水渗流影响下的井壁弹塑性解析解,最后运用数值仿真技术分析计算实际工程实践中地下水动态耦合影响效应。

本书总体研究思路如图1-1所示。

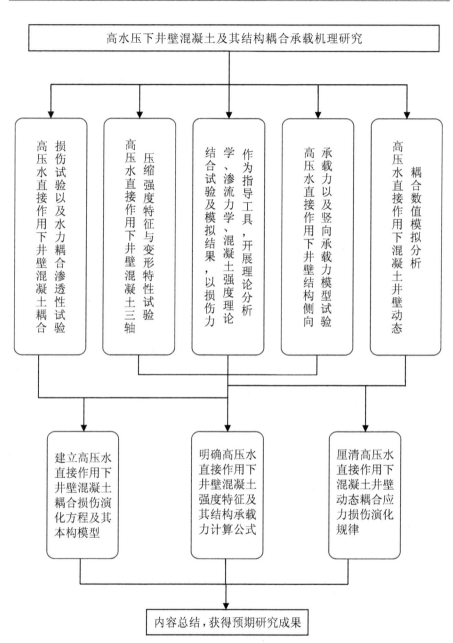

图 1-1 本书总体研究思路

2 煤矿井壁混凝土的配制及主要物理力学性能试验

　　现阶段我国煤炭资源的消耗量一直处于一种居高不下的状态，浅部煤炭资源的枯竭迫使人们向深部进军，因此煤矿开采深度越来越大，开采技术条件越来越复杂[109]。以我国中东部地区为例，其中安徽、山东、山西的部分矿区深部煤炭资源存储量极其丰富，但是由于其上覆含水不稳定冲积层，厚度大、水文地质条件复杂，井筒在建设过程中面临众多不利因素影响。此外，我国西北部地区如内蒙古、宁夏、甘肃、新疆等主要产煤区，与中东部地区深厚含水不稳定冲积层相比，面临的问题主要是受基岩段含水量丰富、岩石强度低、胶结程度差、遇水软化等不利因素影响[110]。这些不利因素给煤矿井筒的建设带来了极大的挑战，综观我国煤矿井筒建设史，为解决在深厚含水不稳定冲积层与含水基岩段中新井建设难的问题，均采用特殊的凿井工艺才克服上述困难，实现预期建井目标，而当前我国较为成熟的特殊凿井技术主要有冻结法凿井和钻井法凿井[111]。井筒筑壁材料性能的优劣对井壁能否承受高水压、高地压、高地温及竖向附加力等复杂外荷载作用有着至关重要的影响，研究表明，混凝土强度每提高 10MPa，井壁承载力将提高 22.65％ ～ 26.64％[20]，相对于增加井壁壁厚以提高井壁承载力而言，工程建设费用及工期均有明显改善，为此有必要根据实际工程需要开展高强度高性能井壁混凝土的配制及主要物理力学性能试验研究等工作。

2.1 特殊凿井技术回顾及展望

2.1.1 冻结法凿井

我国自 1955 年从波兰引进冻结法凿井技术并在开滦矿区林西风井成功应用后,目前已有上千个井筒是采用冻结法施工而成的[112]。这主要是因为冻结法在施工过程中具有以下几方面优点:①安全性好,能够有效隔绝地下水;②适应性强,几乎不受地层条件限制(低含水量地层除外);③复杂地层施工经济合理;④绿色施工,无污染;⑤施工灵活。

我国冻结法发展历程大致经历了以下三个阶段[113-114]:

(1)1955—1962 年——引进推广阶段。这一阶段内采用冻结法施工的煤矿井筒穿过表土冲积层较浅,厚度不超过 155m,冻结深度不超过 165m,并且有关设计施工工作均是依据波兰、苏联相关规程进行的,此阶段共施工 39 个井筒,累计冻结深度达 3582m。

(2)1963—1999 年——自力更生阶段。这一阶段针对冲积层越来越厚、冻结深度越来越深,易发生冻结管断裂、冻结压力过大致井壁易压坏以及井壁涌漏水等问题,认识到一味地采用波兰、苏联原有的相关规程设计已不再符合我国工程地质条件实际情况,为此有针对性地进行了相关基础理论研究及施工工艺创新。这一阶段为我国冻结法凿井技术的发展打下了扎实的基础,获得了一大批重要的研究成果,形成了符合我们实际工程地质条件的规范规章。共施工 391 个井筒,累计冻结深度达 70000m,井筒穿过冲积层最大厚度 383m,最大冻结深度 435m。

(3)2000 年至今——自主创新阶段。这一阶段内我国冻结法施工技术取得了飞速发展,各项冻结指标均位居世界第一。不仅克服了 800m 巨厚表土冲积层冻结法凿井所面临的挑战,并且在深厚含水基岩段冻结法施工中也取得了突破性的研究成果。至此,我国冻结法施工技术已达到国际先进水平。国内主要深厚含水不稳定冲积层及深厚含水基岩段采用冻结法施工建成的煤矿井筒如表 2-1 所示。

表 2-1   冻结法凿井井筒一览表[113-114]

名称	井筒净径/m	冲积层厚度/m	冻结深度/m
李粮店矿副井	6.5	539	800
万福矿主井	5.5	754	894
龙固矿副井	7.0	567	650
龙固矿北风井	6.0	674	730
郭屯矿主井	5.0	587	702
郭屯矿副井	6.5	583	702
口孜东矿主井	7.5	568	737
口孜东矿副井	8.0	572	617
胡家河矿主井	6.5	极浅	554
虎豹湾矿副井	7.0	84	600
虎豹湾矿主井	6.0	82	620
新庄矿副井	9.0	82	900
塔然高勒矿主井	8.2	3	658
母杜柴登矿副井	9.4	125	721
核桃峪矿副井	9.0	76	950

　　未来建设的煤矿井筒必将穿过更为深厚的含水不稳定冲积层及含水基岩段,其所面临的建井难度将更大,为此有必要在总结先前成功经验的基础上,根据实际工程概况,不断完善现有冻结井壁

设计理论及综合设计方法,并且要敢于创新,勇于创新,结合具体实践,找出切实有效的方法解决井筒建设过程中历史遗留问题。尤其是随着建井深度的不断加深,水压越来越大,井筒涌漏水问题成为迫切需要解决的难题,在井壁结构设计时必须考虑到高压水对井壁混凝土的影响,结合煤矿井壁实际工况和受力环境进行更为合理的施工设计。

2.1.2 钻井法凿井

我国自 1969 年首次尝试采用钻井法凿井技术在淮北朔里煤矿南风井得到成功应用后,至今已有近百个煤矿井筒是采用钻井法施工而成的[113-114]。钻井法施工具有以下优点:①施工机械化及自动化程度高;②作业环境好;③劳动强度低;④地面预制井筒有利于控制施工质量。

我国钻井法发展历程大致经历了以下三个阶段[113-115]:

(1)1965—1973 年——使用配套钻井机阶段。这一阶段主要形成了符合我国实际地质概况的钻井法施工工艺,并且此工艺一直延续至今,成为近 50 年来钻井法施工的基础工艺,即采用地面转盘拖动、一次超前、多次扩孔、减压钻进、泥浆护壁、反循环洗井、地面预制井壁、悬浮下沉、壁后充填固井。

(2)1974—2000 年——设备及工艺完善阶段。这一阶段成功研制了一批煤矿专用钻机及破岩刀具等设备,使得钻机各方面性能得到大幅度提高,并且在钻进参数、泥浆参数、施工工艺以及井壁结构设计方面均取得了重要研究成果,采用了 500m 钻井泥浆护壁技术。

(3)2001 年至今——自主创新阶段。这一阶段针对巨厚冲积层钻井所面临的首要难题,自主研制出了钻井深度更深、提升能力更大、扭矩更高的煤矿立井钻机;通过理论研究与试验相结合的手段,不仅给出了井壁的合理结构形式,而且有效地解决了竖向附加力问题,解决了巨厚冲积层立井井筒悬浮下沉安装对结构自重限制与所承受高地压对结构强度要求的矛盾。我国主要钻井法凿井井筒如表2-2所示,从表中可以看出目前我国钻井法凿井技术已达到国际先进水平。

随着煤矿开采深度的不断增加,钻井法凿井技术的首要任务是研制出功能更为强大的钻机,并且要根据我国实际情况制定相关规程规范,对特殊施工工艺开展专项研究,从而使得我国钻井法凿井技术更上一层楼。

表 2-2　钻井法凿井井筒一览表[114]

名称	钻井直径/m	成井直径/m	冲积层厚度/m	钻井深度/m
谢桥矿西风井	9.3	7.0	405	464
潘三矿西风井	9.0	7.0	440	508
郓城矿风井	9.0	6.0	533	580
龙固矿风井	9.0	6.0	533	580
龙固矿主井	8.7	5.7	546	582
板集矿风井	9.9	6.5	583	656
板集矿副井	10.8	7.3	580	640
板集矿主井	9.5	6.2	584	660

2.1.3　冻结法与钻井法凿井技术对比

通过冻结法凿井技术与钻井法凿井技术发展历程介绍,我们可以看出目前在中东部地区深厚含水不稳定冲积层及西北地区深厚含水基岩段建井,大多是采用冻结法施工的,这是因为冻结法在建井初期能够将土体和岩体中的地下水冻结,隔绝地下水力联系。此外通过相关凿井法凿井井筒一览表(表2-1、表2-2)可以看出,当钻井深度超过 660m 时,目前钻井法尚未能很好地解决技术上遇到的问题,一直未能取得突破,而冻结法目前最大冻结深度已达到 950m,且已经具备冻结更深地层的冻结技术,我国冻结法凿井技术已处于世界领先地位[116]。也就是说,我国的冻结法凿井技术相对于钻井法凿井技术而言针对巨厚表土冲积层及深厚基岩段建井所达到的技术水平更高,具有解决相应问题的能力,而目前钻井法凿井由于其设备及技术条件的限制,不仅在已有建井数量上远少于冻结法凿井的,且凿井深度也远低于冻结法凿井的。未来煤矿井筒的建设,尤其针对含水不稳定地层采用冻结法凿井必将继续保持技术上的领先优势,由其施工的井筒数量也将远远超过钻井法凿井数量。冻结法凿井混凝土井壁在现场浇筑而成,钻井法凿井井壁事先在工厂地面预制加工好,相对而言,钻井法施工时混凝土井壁质量更容易控制,长期稳定性好,且在含水层段地面预注浆条件下井筒渗漏水问题可以得到有效解决;而冻结法凿井冻结壁解冻后,地下水之间的水力联系得以沟通,井筒渗漏水现象普遍严重[117],因此冻结法凿井对井壁混凝土性能提出了更高、更多的要求,例如早强、高强、低水化热、良好的抗冻性、较强的抗渗性等。本书中开展的煤矿井壁混凝土配制及相关物理力学性能研究均是基于冻结法施工条件下井壁混凝土所面临的特殊施工环境与养护环境进行的。

2.2 冻结井壁混凝土配制要求

随着煤矿开采深度的不断增加,新建井筒穿过的不稳定冲积层以及基岩段越来越深,井壁受到的外荷载作用必将越来越大,尤其是在冻结法凿井过程中井壁前期冻结压力增长速度过快,如图 2-1 所示,根据现场监测报告,某新建矿井第一水平前 15d 冻结压力已达到最大值的 78%,第二水平前 15d 冻结压力已达到最大值的 91%[118]。因此必须提高井壁早期承载能力,且要保证其承载力能够抵抗住冻结压力增长过快的趋势,从而确保井筒在建井阶段以及服役期间满足正常运营要求。

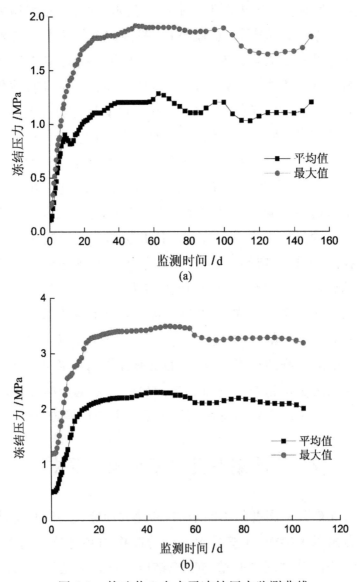

图 2-1　某矿井 2 个水平冻结压力监测曲线

(a) 第一水平冻结压力监测曲线;(b) 第二水平冻结压力监测曲线

再由《煤矿矿井采矿设计手册》可知,钢筋混凝土复合井壁结构承载力计算公式如下：

$$\left.\begin{array}{l} P = (R_a + uR_g) \times (R^2 - r^2)/(\sqrt{3} \times R^2 \times k) \\ P \geqslant P_d \end{array}\right\} \quad (2\text{-}1)$$

式中　P ——井壁设计时允许承载力；

　　　P_d ——井壁外侧承受的冻结压力；

　　　u ——配筋率；

　　　k ——设计安全系数；

　　　r，R ——井壁设计时内、外半径；

　　　R_g，R_a ——钢筋、混凝土抗压强度设计值。

由式(2-1)可以看出，一方面可通过提高配筋率及混凝土的抗压强度来提高井壁承载力，另一方面可适当控制冻结压力大小，以确保井筒处于安全状态。

如图 2-2 所示，将井壁外侧横向所受到的压力 P 视为均匀分布，由弹性力学中关于均质弹性厚壁圆筒理论推导可得到下式[119]：

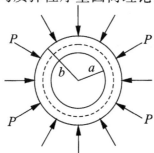

图 2-2　煤矿井筒横向均匀受力

$$h = a\left[\sqrt{\frac{[f_\alpha]}{[f_\alpha] - 2P}} - 1\right] \quad (2\text{-}2)$$

式中　h ——井壁厚度；

　　　P ——井壁外侧所受均匀压力；

　　　$[f_\alpha]$ ——钢筋与混凝土联合作用时整体强度值，可按 $f_\alpha = (f_c + u_{\min} f_y)/k$ 计算得到。其中，f_c 为混凝土轴

心抗压强度设计值，f_y 为钢筋强度设计值，$u_{\min}$ 为最小配筋率。

由式(2-2)可以看出，a、P、$[f_\alpha]$ 均对井壁厚度有较大影响，其中 P 为不可控因素，当井筒内径 a 确定时，唯有通过 $[f_\alpha]$ 方可调整井壁厚度，计算发现钢筋与混凝土联合作用时整体强度值 $[f_\alpha]$ 增大可在一定程度上减小井壁厚度，减少工程量，节省成本，而 $[f_\alpha]$ 与混凝土轴心抗压强度及配筋率有关。

通过分析式(2-1)、式(2-2)可知，提高配筋率与混凝土抗压强度均可使井壁承载力得到提高，同时达到降低井壁厚度的效果。姚直书教授和程桦教授等通过大量井壁模型试验进行了更为深入细致的研究，结果表明配筋率的提高对井壁承载力影响十分有限，试验数据显示若将配筋率从 0.4% 增大到 0.8%，井壁承载力仅提高 3.2%～4.3%[20]，而此时钢筋用量大大增加，不仅使得工程造价剧增，而且还达不到预期效果，给井下混凝土的振捣工作增添难度，不能保证井壁浇筑质量。当提高混凝土抗压强度 10MPa 时，井壁承载力随之增大 22.65%～26.64%，且工程费用增加有限[20]。由此可见，提高混凝土强度等级是提高井壁承载力最为有效的方法。又由于冻结法凿井特殊的施工条件及养护环境，冻结壁解冻后井筒渗流水现象较为普遍且严重，故在对混凝土各方面性能提出新的标准的基础上，应特别注重提升其抗渗性能，因此有必要开展冻结井壁高强高抗渗混凝土试验研究。

2.2.1 高强高抗渗井壁混凝土配制标准

首先，由于井壁施工期间要承受不断变化的竖向附加力、高冻结压力、高地压等外荷载作用，对井壁混凝土的承载力提出了极高的要求。其次，井筒内外壁厚度大多数情况下都保持在 1m 左右，甚至更厚，属于大体积混凝土，混凝土水化热较大，根据现场数据监测发现井壁内部混凝土水化时最高温度可达 68.4℃，而此时冻结壁温度通常在$-20\sim-15$℃范围内[118,120],混凝土内外侧温差极大,极易产生温度裂纹,给后续防治水工作带来不利影响,因此对井壁混凝土水化热提出了新的要求。又由于深厚含水不稳定冲积层及深厚含水基岩段含水量充足、水压力大,通常新建冻结井筒均会发生渗流水现象,且水中有害离子渗入井壁混凝土中又会对其产生腐蚀作用,这就对井壁混凝土抗渗性提出了较高的要求。井壁混凝土的浇筑工作是在井下进行的,混凝土在地面配制好后由吊罐运输到工作面,再由管道由上到下灌注到井壁模具中,为此对井壁混凝土和易性提出了新的要求。最后,由现场监测数据可知冻结压力早期上升幅度大、上升速度快,为此还必须要求井壁混凝土早期强度高,能够满足早期承载力要求。由此可见,若想使得本次配制的高强高抗渗井壁混凝土能够适应冻结法凿井特殊的施工环境与养护条件,应满足下列要求[32,121]:

(1)具有密实度高、耐久性好、水化热低、工作性好等特点;坍落度不得低于170mm,以便于混凝土的输送及浇灌。

(2)早期强度高,后期强度稳步发展不倒退;8～10h能够满足拆模条件;抗渗性强、耐腐蚀性强、抗冻性好、抗裂防水性好、黏度小、不离析、流动性好。

(3)3d强度不低于井壁混凝土设计强度的70%,7d强度不低于井壁混凝土设计强度的90%。

(4)采用常规方法施工,配制工艺简单;混凝土入模温度不应低于15℃;原材料便于就近购买,运输成本低。

2.2.2　高强高抗渗混凝土配制途径

配制高强高抗渗混凝土的主要途径为采用优质、高强度等级、稳定性好的水泥,优质粗细骨料、优质矿物掺合料(超细矿渣、硅粉、Ⅰ级粉煤灰)以及高效减水剂,并且要严格控制用水量。其中高效减水剂和矿物掺合料是配制高强高抗渗混凝土不可缺少的条件,高效减水剂的添加可以确保混凝土在水灰比较低的情况下依旧拥有较佳的和易性与流动性,能够满足工程运输及浇筑要求;矿物掺合料提高了混凝土密实度,改善了骨料与水泥石之间的界面结构,使得界面强度得到提高,抗渗性、抗腐蚀性也随之提高。两者共同作用使得配制出来的混凝土具有低水灰比、高流动性、高密实度、高抗渗性等特性。具体配制途径如图2-3所示。

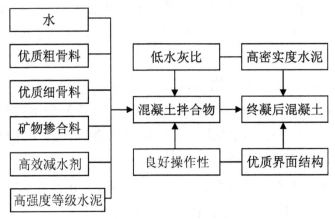

图 2-3 高强高抗渗混凝土配制途径示意图

2.2.3 高强高抗渗混凝土原材料选取

(1)水泥

根据新建深立井施工特点以及抗渗性要求,选用抗冻性好、干缩性好、早期强度高、凝结硬化快的硅酸盐水泥。通常混凝土强度等级在C40～C50之间采用 P·O42.5 硅酸盐水泥,C60～C80之间采用 P·O52.5R 硅酸盐水泥。

由上述介绍可知,在配制C60及以上强度等级的高强高抗渗混凝土时采用淮南凤台海螺水泥厂生产的海螺牌P·O52.5R早强型普通硅酸盐水泥,其各项性能指标见表2-3。

表 2-3 P·O52.5R 早强型普通硅酸盐水泥性能指标

生产厂家	凝结时间/min		安定性	胶砂强度测试值/MPa				国家标准/MPa			
				抗折		抗压		抗折		抗压	
	初凝	终凝		3d	28d	3d	28d	3d	28d	3d	28d
凤台海螺 P·O 52.5R	120	280	合格	7.2	10.9	34.5	57.8	5.0	7.0	27.0	52.5

（2）细骨料

高强高抗渗混凝土细骨料宜选用级配优良、质地坚硬的河砂，细度模数应控制在 2.4～3.0，含泥量不应超过 1.5％。配制 C60 及以上强度等级的高强高抗渗混凝土，细骨料含泥量不应超过 1.0％，且不允许有泥块。对于砂的级配，理论上粒径小于 0.315mm 和大于 5mm 的数量不宜偏多，否则级配较差，得不到理想的混凝土强度。0.6mm 累计筛余宜大于 50％，0.315mm 累计筛余宜达 80％，0.15mm 累计筛余宜达 98％。最终选用淮滨河砂作为细骨料，颗粒级配分析结果见表 2-4。其中测得细度模数 $M_x = 2.73$，属于中砂。堆积密度为 1535kg/m³，含泥量为 1.45％。

表 2-4 淮滨河砂颗粒级配分析结果

筛孔尺寸/mm	10.0	4.75	2.36	1.18	0.6	0.3	0.15	底盘
分计筛余量/g	0	11	38	92	85	209	54	11
分计筛余百分率/％	0	2.2	7.6	18.4	17.0	41.8	10.8	2.2
累计筛余百分率/％	0	2	10	28	45	87	98	100
标准值/％	0	0～10	0～25	10～50	41～70	70～92	90～100	

（3）粗骨料

粗骨料性能对高强高抗渗混凝土的抗压强度及弹性模量起到决定性的制约作用,若粗骨料强度不足,其他提高混凝土强度的手段都将达不到明显效果。粗骨料粒径不宜过大,通常粒径越大,其自身微缺陷越多,对强度的发展反而起到抑制作用。故对于强度等级在 C60 以上的混凝土,其粗骨料最大粒径不宜大于 19.0mm。根据上述原则,粗骨料选用明光玄武岩碎石,针片状颗粒含量 1.1%,堆积密度为 1455kg/m³,压碎指标为 3.8%,石子粒径为 5.0～19.0mm。其颗粒级配分析结果见表 2-5。

表 2-5　明光玄武岩碎石颗粒级配分析结果

筛孔尺寸/mm	19.0	9.5	4.75	2.5	底盘
分计筛余量/g	758	1319	746	173	4
分计筛余百分率/%	25.27	43.97	24.87	5.77	0.13
累计筛余百分率/%	25.27	69.24	94.11	99.88	100
标准值/%	15～45	70～90	90～100	95～100	—

（4）高效复合外加剂

为满足混凝土现场供料、搅拌易操作性要求,根据井壁混凝土性能要求,配制试验采用具有高减水率的复合外加剂,由优质复合矿物掺合料及高效减水剂等多种有机、无机组分复合形成。其中复合矿物掺合料以超细矿渣和硅粉为主,由于两者粒径极为微细,能够有效填充混凝土内部微孔隙,增强混凝土密实度、提高抗渗性等性能。此外超细矿渣的添加还可以抑制混凝土碱-骨料反应,防止氯离子渗透;硅粉的添加还可以改善混凝土和易性和耐久性,并提高早期强度。超细矿渣和硅粉各方面性能指标分别见表 2-6、表 2-7。减水剂采用的是 NF 高浓萘磺酸盐高效减水剂,适用于低温冻结环境,有助于配制出早强、高强、高抗渗、自密实及高耐久性混凝土。

表 2-6　超细矿渣性能指标

比表面积 /(cm²/g)	密度 /(g/cm³)	化学成分 /%					
		CaO	SiO₂	Al₂O₃	MgO	Fe₂O₃	SO₃
4500	2.89	40.32	32.41	9.99	6.86	1.50	2.51

表 2-7　硅粉性能指标

平均粒径 /μm	比表面积 /(cm²/g)	密度/ (g/cm³)	烧失量/%	水分/%	化学成分/%					
					CaO	SiO₂	Al₂O₃	MgO	Fe₂O₃	SO₃
0.1~0.15	250000~350000	2.1~3.0	≤4	≤2	≤1	≥91	≤0.8	≤1.5	≤0.7	≤0.1

根据上述介绍,复合外加剂最终选用安徽淮河化工股份有限公司生产的熊猫牌矿用早强减水剂 NF-F,其中优质复合矿物掺合料约占 93.5%,高效减水剂约占 6.5%。该复合外加剂具有减水、早强、高强和高抗渗等特点,匀质性指标见表 2-8。

表 2-8　高效复合外加剂匀质性指标

检验项目	指标
外观	灰白色粉末
含固量/%	≥90
氯离子含量/%	≤1
水泥净浆流动度/mm	≥180

2.2.4　C60~C80 井壁混凝土设计配合比

根据《普通混凝土配合比设计规程》(JGJ 55—2019)规定,当设计强度等级大于或等于 C60 时,配制强度应按 $f_{cu,0} \geq 1.15 f_{cu,k}$ 计算,最终确定 C60、C70、C80 配制强度分别为 69.0MPa、80.5MPa、92.0MPa。由于本次所需配制的井壁混凝土应具有密实度高、抗渗性好等特点,根据以往混凝土配制经验[32,34],除采用优质矿物掺合料、高效复合外加剂和优质骨料外,还通过提高胶凝材料用量、增大砂率和进一步降低水胶比等,达到降低孔隙率和提高抗渗性的目的,最终由正交试验设计确定配合比,如表 2-9 所示。试验前对原材料进行严格检验,针对砂石含泥量过高的现状,采用事先冲洗并凉晒干的办法以确保含泥量在试验要求范围内。按设计配合比称量原材料,向搅拌机内依次加入石子、砂、水泥,同时加入少量水搅拌 1~2min,再加入复合外加剂,继续搅拌 1~2min,最后缓慢、均匀、分散地将剩下的水加入搅拌机内,再搅拌 2~3min 后浇入 100mm×100mm×100mm 的立方体试模中,将试模放到振动台上点振密实,除去试模周边溢出浆体,记录浇筑工作结束时间。结果表明,试验所浇筑的混凝土试块可在 10h 后拆模,棱角基本完好无损,满足冻结井壁混凝土 8~10h 拆模要求。

表 2-9   C60~C80 井壁混凝土设计配合比

强度等级	水泥/kg	外加剂/kg	胶凝材料/kg	砂/kg	石子/kg	水/kg	砂率/%	外加剂种类及掺量
C60	410	130	540	633.2	1125.6	151.2	36	NF-F (31.7%)
C70	420	140	560	625.0	1111.0	154.0	36	NF-F (33.3%)
C80	430	155	585	616.6	1096.3	152.1	36	NF-F (36.0%)

2.2.5   高强高抗渗井壁混凝土验证

试验所浇筑的混凝土试件分别在 HBY-60Z 型水泥恒温恒湿标准养护箱内养护 3d、7d、28d,达到预定龄期后进行强度验证,测试仪器采用 CSS-YAW3000 电液伺服压力试验机,试验前确保计算机工作正常,打开控制平台,按《混凝土物理力学性能试验方法标准》(GB/T 50081—2019)确定好加载方式、加载速率后进行单轴抗压试验,乘以尺寸效应换算系数后本次配制的高强高抗渗井壁混凝土抗压强度试验结果如表 2-10 所示。

表 2-10　高强高抗渗井壁混凝土抗压强度试验结果

试件编号	混凝土强度等级	初始坍落度/mm	3d 抗压强度/MPa	7d 抗压强度/MPa	28d 抗压强度/MPa
1	C60	190	45.4	62.2	69.3
2	C60	195	42.6	62.9	70.5
3	C60	190	46.1	65.5	70.9
4	C70	190	56.7	74.5	81.7
5	C70	185	60.2	73.9	82.4
6	C70	190	59.7	76.5	83.3
7	C80	180	69.4	79.7	93.2
8	C80	185	69.1	82.8	95.7
9	C80	180	72.5	81.6	94.5

通过表 2-10 可以清晰地看出,试验所配制出的三种不同强度等级的混凝土试件,3d 龄期抗压强度均达到设计强度的 70% 以上,7d 龄期抗压强度均达到设计强度的 90% 以上,28d 龄期抗压强度已完全达到配制强度要求,且其初始坍落度能够满足井下泵送浇筑要求。由此可见,本次试验所配制出的 C60、C70、C80 高强高抗渗混凝土能够满足深厚含水不稳定冲积层及基岩段冻结法凿井特殊施工环境和养护条件对混凝土强度及性能的要求。

2.3 高强高抗渗冻结井壁混凝土
主要物理力学性能试验研究

一方面,由于现行混凝土结构设计规范均是针对普通混凝土展开的,关于C60～C80高强高抗渗混凝土主要物理力学性能指标的介绍偏少,因而有必要对其进行补充完善,以供煤矿设计工作者参考,使其在深冻结井筒建设工程中的应用更为广泛;另一方面,混凝土物理力学性能指标,尤其是弹性模量、波速等均能够反映其宏观损伤情况,为了与后续高压水荷载直接作用下井壁混凝土耦合损伤进行比较分析,同时也为后续数值模拟计算提供基础参数,对本次试验所配制的高强高抗渗井壁混凝土主要物理力学性能指标进行试验研究。

2.3.1 井壁混凝土标准抗压强度和轴心抗压强度

按上述设计配合比分别浇筑尺寸规格为 150mm×150mm×150mm 的立方体试件和 100mm×100mm×300mm 的棱柱体试件若干块,放入标准养护箱中,设置养护温度为(20±2)℃、相对湿度95％以上。养护28d后取出试件并用干布擦拭试件表面,然后进行加载试验。试验采用电液伺服压力机,按照《混凝土物理力学性能试验方法标准》(GB/T 50081—2019)规定以每秒钟0.85MPa连续均匀地加载。由于轴心抗压试验采用的试件尺寸非标准尺寸,根据试验确定尺寸换算系数为0.95。试验结果如表2-11所示,加载过程中发现高强高抗渗混凝土破坏过程呈现出明显的脆性特征,裂纹在短时间内迅速遍布试件表面,破坏急促,尤其在立方体试件发生破坏瞬间通常伴随着巨大的"砰"的响声。

表 2-11 井壁混凝土标准抗压强度和轴心抗压强度试验结果

混凝土强度等级	立方体标准抗压强度 /MPa	棱柱体轴心抗压强度 /MPa
C60	67.6	55.4
C70	75.3	62.2
C80	83.4	71.9

由表 2-11 试验实测数据进行线性回归,得到高强高抗渗井壁混凝土立方体标准抗压强度与棱柱体轴心抗压强度经验换算公式:

$$f_{ck} = 0.84 f_{cu,k} \qquad (2-3)$$

式中 $f_{cu,k}$ ——立方体标准抗压强度,MPa;

f_{ck} ——棱柱体轴心抗压强度,MPa。

2.3.2 井壁混凝土劈裂抗拉强度

井壁混凝土抗拉强度可通过巴西劈裂试验得到,计算公式如式 (2-4)所示。浇筑尺寸规格为 $100mm \times 100mm \times 100mm$ 的立方体试件,分别放入标准养护箱养护 7d、28d 后对其进行劈裂抗拉试验。试验在 WE-300 液压式万能材料试验机上参照相关规程进行,其中钢垫条长 150mm,顶面为直径 150mm 的圆弧。每测试完一块试件强度后均要对试验平台进行打扫清理,确保下一块试件试验时能够与试验机均衡接触。

$$f_{t,sp} = \frac{2P}{\pi A} \qquad (2-4)$$

式中 P ——试件劈裂破坏时试验机加载荷载;

A ——试件劈裂面面积。

由于本次试验采用的是尺寸规格为 $100mm \times 100mm \times 100mm$ 的非标准立方体试件,故测试结果乘以尺寸换算系数 0.85,如表 2-12 所示。

表 2-12　井壁混凝土 7d、28d 劈裂抗拉强度

混凝土强度等级	7d 劈裂抗拉强度/MPa	28d 劈裂抗拉强度/MPa
C60	2.22	3.42
C70	3.22	4.54
C80	3.67	5.86

2.3.3　井壁混凝土泊松比及弹性模量

泊松比是反映混凝土材料横向变形的弹性常数,在数值模拟分析过程中是最基本,也是最常用的参数之一。弹性模量作为混凝土主要力学参数,是衡量混凝土结构刚度的重要指标,也是在深冻结井壁混凝土损伤、变形破坏计算时必将用到的力学参数。本次深冻结井壁混凝土泊松比及弹性模量的测试,采用尺寸规格为 100mm×100mm×300mm 的棱柱体试件,基于常规贴片工艺在试件浇筑面两侧粘贴横向和纵向电阻应变片,应变片敏感系数为 2.08(偏差±1%),通过 YE2538 程控静态应变仪测量出每级加载所对应的混凝土横向和纵向应变值。同时考虑到试件在加载过程中可能存在的偏心影响,将应变片布置在试件两侧面竖向轴线上,同时采用串联的方法进行测量,尽可能减少偏心荷载影响,如图 2-4 所示。通过本试验测得的横向应变与竖向应变的比值即为混凝土泊松比,同时取应力在 1/3 轴心抗压强度时应力与应变的比值即可得到混凝土弹性模量,试验结果如表 2-13 所示。

图 2-4　井壁混凝土泊松比及弹性模量试验

表 2-13　井壁混凝土泊松比及弹性模量试验结果

混凝土强度等级	泊松比	弹性模量/MPa
C60	0.224	37594
C70	0.214	39556
C80	0.211	41237

对表 2-11 与表 2-13 中的试验数据进行拟合,可得到高强高抗渗井壁混凝土立方体标准抗压强度与弹性模量经验换算关系式:

$$E = \frac{10^5}{1.42 + 84/f_{cu,k}} \tag{2-5}$$

式中　E ——混凝土试件弹性模量,MPa。

2.3.4　井壁混凝土孔隙率和吸水率

孔隙率是衡量混凝土初始缺陷的一项重要指标[122],直接影响到混凝土强度、渗透性、耐腐蚀性以及抗冻性,而上述各项指标的优劣又对煤矿井壁稳定性影响较大,因而根据实验室条件开展了井壁混凝土孔隙率和吸水率试验。本试验采用 ϕ 50mm×100mm 圆柱体试件,将其按预设厚度进行等分切割,做好相应编号后按照下列操作步骤开展试验:

(1)测量混凝土试件质量,然后将试件放入烘干箱内,在 105℃条件下烘干 24h,取出试件后于干燥阴凉处自然降温至20~25℃,随后对试件质量进行测量。若试件进行初次质量测量时是干燥的,第二次测量质量与首次吻合,则可认为此时试件是干燥的;若首次进行质量测量时试件不是干燥的,则将试件在设定范围内重新烘干24h再测定其质量,若第三次质量测定与第二次结果吻合,认定试件是干燥的。为使试件完全达到干燥状态,试件在最终测定干燥状态后仍需要再烘干24h直至前后质量相同,记最终测定值为 A ,否则重复上面步骤直至试件质量不再发生变化。

（2）将上述冷却干燥的混凝土试件浸入水中至少 48h，直到 2个连续的表面擦干的试件在 24h 间隔内增长质量值低于测定的最大值的 0.5％，最终测定值记为 B。

（3）重复上述步骤，然后将试件放入盛满水的器皿中煮沸 5h，在自然条件下直至器皿中水温最终降至 20～25℃，取出试件，擦干表面水分，测定质量，记为 C。

（4）用细铁丝将浸泡并煮沸后的试件置于水中，使其处于悬浮状态，测定试件在水中的表观质量，记为 D。则可按下式算出此次试验采用的混凝土试件的孔隙率 n 和吸水率 a：

$$n = \frac{C-A}{C-D} \times 100\% \tag{2-6}$$

$$a = \frac{B-A}{A} \times 100\% \tag{2-7}$$

最终将每组所求得的算术平均值作为试验结果，如表 2-14所示。

表 2-14　井壁混凝土孔隙率及吸水率试验结果

混凝土强度等级	孔隙率	吸水率
C60	6.3％	2.77％
C70	5.5％	2.68％
C80	4.1％	2.54％

2.3.5　井壁混凝土抗渗性

混凝土抗渗性是影响其耐久性的重要因素[123]。由于本试验配制的是高强高抗渗混凝土，其抗渗性能较普通混凝土更高，故采用相对渗透系数这一指标来评价混凝土的抗渗性能，相对渗透系数 K_r 值越小，则表示混凝土的抗渗性能越好。试件采用尺寸为175mm×185mm×150mm 的截头圆锥体，考虑到现场施工工艺情况,井筒采用分段掘砌时大量施工接茬缝对井壁的抗渗性能造成影响,为此,按设计配合比浇筑时先浇筑至试模高度的一半,间隔 6h后,混凝土处于初凝后终凝前阶段,如图 2-5 所示,对试模中的混凝土进行拉毛处理并刷一层水泥浆,最后浇筑剩余的另一半,8h 后拆模,放入标准养护箱养护,28d 后进行相对抗渗性试验。

图 2-5　初凝后终凝前混凝土试件

整个试验过程按照相关规范进行,采用黄油和水泥按质量比3:1拌和后,均匀地涂抹在试件四周并对其进行密封。试验开始后将 HS-4 型混凝土渗透仪水压值一次性加至 1.0MPa,记录该时刻。维持压力 24h 后降压至 0MPa,随后卸掉模具,拿出试件,并用压力机将试件逐一劈开。沿劈开断面的底边将其分为 10 等份,量出每一等分点处对应的渗水高度,求其平均值,将其作为该试件最终渗水高度,按照下式计算试件的相对渗透系数:

$$K_r = \frac{aD_m^2}{2TH} \qquad (2\text{-}8)$$

式中　K_r ——相对渗透系数,cm/h;

　　　D_m ——平均渗水高度,cm;

　　　H ——水压力,此处以水柱高度表示,cm;

　　　T ——恒压时间,h;

　　　a ——混凝土吸水率。

规定一组试件渗水高度的最终测定值以该组 6 个试件渗水高度的平均值为准,试验结果如表 2-15 所示。试验过程中仅 C60 混凝土试验 3 号试件劈裂后出现如图 2-6 所示的水痕分布情况,试件中间高度位置明显存在一道水痕,可能是因为试件周边密封不彻底,压力水沿着试件底端某处上升时遇浇筑接茬缝后,由于接茬缝抗渗能力差,压力水不再继续向试件顶端发生渗流,而在接茬缝内相互贯通,形成明显渗水通道,故在井壁施工过程中应尽量减少接茬缝,并采取有效措施提高施工接茬缝处抗渗性能。

图 2-6　试件劈裂后中间存在一道水痕

表 2-15　井壁混凝土相对渗透系数试验结果

混凝土强度等级	渗水高度/cm	相对渗透系数/(cm/h)
C60	2.39	3.23×10^{-7}
C70	1.73	1.64×10^{-7}
C80	1.48	1.14×10^{-7}

2.3.6　井壁混凝土超声波测试

由于超声波无损检测技术能够在不破坏结构物稳定性的前提下,通过测得波在结构物内的传播速度来反映结构的强度及内部损伤情况,而被广泛应用于土木工程各个领域[124]。为了与后续高水压作用下井壁混凝土内部损伤做对比分析,现对 100mm×100mm×300mm 的棱柱体试件进行 28d 标准养护后,进行纵波波速测量。测试前先用砂纸打磨试件左右两侧测试面,随后涂上黄油作为耦合剂,最后采用 CTS-25 型非金属超声波检测仪进行混凝土试件的纵波测试。测试结果如表 2-16 所示。

表 2-16　井壁混凝土纵波波速测试结果

混凝土强度等级	传播时间/μs	波速/(m/s)
C60	21.5	4651
C70	21.3	4695
C80	21.2	4717

波动理论认为波在介质中的传播规律可采用拉密运动方程描述[125],假设混凝土为各向同性体,可得到混凝土内纵波的传播速度如下式所示:

$$V_p = \sqrt{\frac{E(1-\nu)}{\rho(1+\nu)(1-2\nu)}} \qquad (2\text{-}9)$$

式中　V_p——纵波传播速度,m/s;

　　　ρ——混凝土密度,kg/m³;

　　　ν——泊松比。

式(2-9)表明纵波的传播速度与混凝土密度、弹性模量、泊松比有关,通常认为混凝土的密度以及泊松比不发生变化,波速仅与弹性模量有关,进而可以用波速反映混凝土材料损伤情况。因此,后期高压水直接作用下混凝土损伤情况即可以用纵波波速变化情况来描述。

2.4　本章小结

首先回顾与展望了我国目前煤矿立井井筒主要的凿井技术——冻结法和钻井法,对比分析可知由于今后煤矿井筒将穿过更为深厚的含水不稳定冲积层和含水基岩段,其水文地质条件更为复杂,且由于冻结法凿井技术目前已处于领先地位,其后期冻结壁解冻后井筒渗流水问题尤为突出,故针对冻结法建井对井壁混凝土提出的新要求,通过优选原材料、提高胶凝材料用量、增大砂率、进一步降低水胶比等方法,基于正交试验进行优化设计,配制出了C60~C80矿用井壁混凝土,试验表明,其承载能力强、密实度高、抗渗性好,能够抵挡住强大的外荷载作用并满足冻结法施工养护对其各方面性能的要求。同时对其物理力学性能指标进行了详细的试验研究,具体包括抗压强度、抗拉强度、弹性模量、泊松比、孔隙率和吸水率、抗渗性能以及波速,试验结果可作为对目前高强高抗渗混凝土物理力学性能研究的补充,也可为煤矿井壁设计工作者提供参考。

3 高压水荷载直接作用下井壁混凝土力学性能研究

目前,随着煤矿立井井筒越建越深,井壁承受的地下水压力越来越大,井壁混凝土将长期工作在地下水环境中。那么,高压水荷载长期作用下井壁混凝土的强度及损伤必然受到影响,且这种影响势必与当前研究较多的地面空气环境中混凝土损伤演化规律不同。那么,高压水荷载直接作用下井壁混凝土力学性能与地面空气环境中的混凝土物理力学性能是否仍然一致?如果不一致,目前在煤矿井壁结构设计中采用地面结构混凝土的有关设计值计算处于高压水荷载作用下井壁混凝土强度就未必合理。因此,有必要通过试验进行高压水荷载直接作用下井壁混凝土力学性能研究,不仅可以得到准确客观的试验数据以及易于观察的试验现象,还可以避免解析法求解过程中过多的假设与简化造成的分析误差。因此,本章将开展高压水直接作用下井壁混凝土耦合损伤试验以及高压水直接作用下井壁混凝土水力耦合渗透性试验,在试验研究的基础上,结合混凝土强度理论、损伤力学、渗流力学等理论知识,推导出相应条件下井壁混凝土耦合损伤演化方程与本构模型,建立应力渗流耦合损伤状态下井壁混凝土渗透率演化概念模型,为预测和评价深厚含水不稳定地层中混凝土井壁的损伤演化进程以及安全运营提供科学依据。

3.1 高压水直接作用下井壁混凝土
耦合损伤试验研究

3.1.1 主要试验设备

（1）YAW-3000 电液伺服压力试验机

YAW-3000 电液伺服压力试验机是一款满足现代力学检验标准，具备高新技术手段的新型试验仪器，与当前大范围使用的手动加荷式以及手动加荷数显式压力机相比各方面都进行了改造升级，本次主要用于高压水荷载直接作用下混凝土应力-应变全过程曲线试验。该试验机由主机、液压源和伺服控制系统组成，如图 3-1 所示，其亮点在于全数字式闭环调速控制系统，主要采用电液比例阀和计算机数字控制等先进技术，能够自动精确地测量和控制加载或卸载等试验全过程，主要技术参数见表 3-1。

图 3-1 YAW-3000 电液伺服压力试验机

表 3-1　YAW-3000 电液伺服压力试验机主要技术参数

项目	技术参数
最大试验力	3000kN
试验力测量精度	±1％
试验力测量范围	2％~100％FS(连续全量程测量)
位移量程	100mm
位移测量分辨率	2μm
位移测量精度	±2％
试验力等速度控制	0.1％~100％FS/min
位移等速度控制	0.5~50mm/min
等速度控制精度	±1％设定值
恒试验力、恒位移控制精度	±1％设定值

(2)S-3000N 扫描电子显微镜

S-3000N 可变压力扫描电子显微镜具有强大的自动功能,操作简单,主要用于各种材料的形貌观察,试验仪器如图 3-2 所示。本次试验采用扫描电子显微镜观察混凝土试件内部微裂缝扩展情况,以便进一步分析高压水荷载作用下混凝土内部损伤状况。主要技术参数见表 3-2。

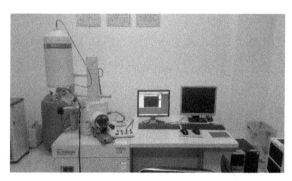

图 3-2　S-3000N 扫描电子显微镜

表 3-2　S-3000N 扫描电子显微镜主要技术参数

项目	技术参数
放大倍率	300000
二次电子图像分辨率	3.0nm
背散射电子图像分辨率	4.5nm
Chamber 大小	标准 6 寸样品空间

高压密封罐用于盛放达到养护龄期后的混凝土试件,再通过水泵对其加压,使试件长期处于高压水作用下,以模拟高压水直接作用下煤矿井壁混凝土实际工程现状。实测结果表明高压密封罐具有很好的密封效果,稳压 10MPa 和 8MPa 时每 4h 仅下降 0.1MPa,稳压 6MPa 和 4MPa 时每 7h 仅下降 0.1MPa,试验过程中视具体情况及时补压,使其满足试验设计要求。

试验准备阶段,将混凝土试件放入高压密封罐前,事先利用 CTS-25 型非金属超声波检测仪对试件进行声波测试,当试件在密封罐内满足试验设计条件后取出,再利用非金属超声波检测仪对上一次声波测试位置重新进行声波测试。试验加载过程中采用 YE2538 程控静态应变仪实时记录每级加载过程中应力所对应的混凝土竖向应变和横向应变。

3.1.2　试件制备

本次试验所浇筑的混凝土试件配合比见表 2-9,按照高强高抗渗井壁混凝土浇筑方案进行,浇筑三种不同强度等级混凝土试件,试件均采用尺寸为 100mm×100mm×300mm 的棱柱体。由圣维南原理可知[126]:单轴压缩过程中该类尺寸试件中间部位几乎不受端面效应影响,有利于准确获得混凝土试件的真实应变值。试件浇筑 15h 后拆模,随后放入静水池内养护 90d,以消除后期试验过程中龄期对混凝土强度的影响,且认为混凝土强度不再发生变化;同时由于浸泡时间足够长,可认为达到养护龄期的混凝土试件已处于饱和状态。

3.1.3　试验方法及过程

考虑到混凝土力学特性的影响因素较多,高压水荷载产生的强度影响与其他因素存在耦合效应,因此试验设计中着重考虑了 3 种不同的影响因素,分别为水压、水压作用时间、混凝土强度等级。其中水压设计 4 个水平,分别为 4MPa、6MPa、8MPa、10MPa;水压作用时间设计 4 个水平,分别为 1d、3d、5d、7d;混凝土强度等级设计 3 个水平,分别为 C60、C70、C80。为了优化试验次数,采用 SPSS19.0 数理统计软件输入试验影响因素及影响水平后自动生成混合正交试验设计表[127],见表 3-3,共需进行 16 组对比试验。每组试验加水压前采用超声波检测仪对混凝土试件进行声波测试,测试过程中沿试件浇筑面相邻的两侧面上下端各布置一个测点,同时在试件中部沿浇筑面布置一个测点,共计 3 个测点,每个测点每次测量不少于 2 次。当试件从高压水荷载作用下的密封罐内取出后同样再对其相同位置进行声波测试,以判断试件在高压水荷载作用下所形成的高渗透压力对混凝土内部损伤造成的影响。随后立即在试件非浇筑面两侧粘贴应变片,并采用串联的方法消除偏心影响,最后通过电液伺服压力试验机进行分级加载,峰值应力前 60% 按照 0.5MPa/s 恒载速度加压,应力控制加载完成后直接切换到以 0.0015mm/s 恒位移控制加载,获得单轴压缩状态下混凝土试件全应力-应变曲线。试验过程中峰值前阶段由程控静态应变仪测量出每级加载过程中所对应的混凝土横向和纵向应变值,峰值后阶段由电子引伸仪和伺服压力试验机自测位移共同决定其纵向应变值,最终根据试验测得的应变值及相应的应力值,以及峰值应力后试件位移变化情况,绘制出全应力-应变曲线,从而得到混凝土在高压水荷载直接作用下弹性模量、峰值应力、峰值应变等物理力学参数的变化情况。同时对高渗透压作用后单轴加载破坏的混凝土试件端面取样,送实验室进行电镜扫描,观察不同水压、不同水压作用时间对饱和混凝土微裂纹开裂扩展及断裂破坏情况的影响,对高压水作用下井壁混凝土耦合损伤展开进一步分析。

表3-3　混合正交试验设计表

试验编号	水压/MPa	水压作用时间/d	混凝土强度等级
1	6	3	C60
2	6	1	C70
3	10	1	C60
4	8	3	C60
5	8	1	C80
6	4	5	C60
7	4	1	C60
8	4	7	C70
9	8	7	C60
10	4	3	C80
11	10	3	C70
12	10	7	C80
13	6	7	C60
14	8	5	C70
15	10	5	C60
16	6	5	C80

考虑到试件从水中取出后需立即进行全应力-应变曲线试验,此时混凝土处于潮湿状态,无法粘贴应变片,故在试验前两个月,将

水中养护的混凝土试件取出晾干后,打磨试件非浇筑面两侧中心区域,并用红色记号笔在两侧面中心位置画出十字符号作为标记,以便后期将应变片粘贴在试件中心位置,获得最佳试验效果。用丙酮对打磨端面进行清洗,用环氧树脂打底胶,待两侧面环氧树脂硬化后重新放入水中养护。当满足试验设计要求的混凝土试件从高压密封罐取出后,重新对其两侧面进行打磨并用丙酮清洗,按照常规贴片工艺在试件两侧面中心对称处粘贴应变片,沿应变片轴线方向覆盖一层聚四氟乙烯膜并用拇指沿固定方向反复进行推压直至膜内气泡和多余胶液排净[128],最终粘贴好应变片的井壁混凝土棱柱体试件如图 3-3 所示,随后放在压力试验机承载平台上并接好电缆。采用 YYU-5020 型电子引伸仪将其安装在贴有应变片的任一相邻面,检查测试系统是否正常,排除可能故障,最后进行高压水直接作用下高渗透压对井壁混凝土力学性能影响试验,试验加载过程如图 3-4 所示。

图 3-3　棱柱体试件　　　　图 3-4　试验加载过程图

3.1.4　试验结果与分析讨论

(1)高渗透压下井壁混凝土单轴压缩加载试验

高压水直接作用下高渗透压对井壁混凝土弹性模量、泊松比、峰值应力、峰值应变及波速变化情况的影响见表 3-4。

表 3-4　高压水直接作用下井壁混凝土单轴压缩加载试验结果

试验编号	初始弹性模量 E_0 /MPa	峰值割线弹性模量 E_c /MPa	泊松比 ν	峰值应力 f_c /MPa	峰值应变 ε /10^{-6}	波速损失率 $(T_a - T_b)/T_a$
1	47588	45068	0.23	59.22	1314	0.0216
2	50145	45519	0.25	72.33	1589	0.0414
3	45996	41208	0.22	50.81	1233	−0.00479
4	46288	43728	0.21	55.71	1274	0.0146
5	44598	32666	0.25	62.13	1902	−0.00979
6	44235	42302	0.22	61.38	1451	0.0224
7	48622	46772	0.25	63.75	1363	0.0491
8	43209	36915	0.24	64.38	1744	0.0125
9	46657	41222	0.23	48.23	1170	0.00718
10	48993	37780	0.22	67.40	1784	−0.00784
11	46250	35416	0.24	47.67	1346	0.0112
12	46384	31476	0.23	58.64	1863	0.0158
13	46369	43123	0.21	54.12	1255	0.0125
14	48455	40883	0.26	55.11	1348	0.0278
15	44622	39416	0.22	45.21	1147	0.00734
16	48295	36788	0.23	65.74	1787	−0.00841

注:表 3-4 中试验编号与表 3-3 中试验编号是一一对应关系。

由上述试验结果可知,高压水直接作用下井壁混凝土单轴抗压初始弹性模量与 2.3 节的同一强度等级干燥混凝土初始弹性模量相比有较大提高,而峰值应变与通常状态下混凝土单轴抗压峰值应变(0.002~0.0025)相比降低较为明显[9]。这是因为本次试验选用的井壁混凝土处于饱和状态,饱和混凝土内所含有的孔隙水阻碍了混凝土基体向孔隙内变形,使得混凝土峰值应变减小,又由于饱和混凝土内孔隙水的体积模量与混凝土基体相的体积模量相差不大，故孔隙水的存在使得井壁混凝土刚度得到提高。由表 3-4 可以发现本次试验结果中井壁混凝土的泊松比普遍较大，这主要是因为受到内部孔隙水的影响，混凝土侧向变形有所增大。此外，通过对井壁混凝土试件放入高压密封罐养护前后超声波测试结果进行对比，发现若干时间内经过高压水作用后的井壁混凝土试件绝大多数波速得到提高，即 $V_b > V_a$（V_a 为井壁混凝土试件放入密封罐前波速，V_b 为井壁混凝土试件从密封罐取出后波速），则有 $T_b < T_a$（T_a 为井壁混凝土试件放入密封罐前声波传播时间，T_b 为井壁混凝土试件从密封罐取出后声波传播时间）。声波在空气中的传播速度为 340m/s，在水中的传播速度为 1450m/s[129]，故认为此时混凝土试件波速的提高与其内部含水量变化有关。进一步分析认为：高压水作用下井壁混凝土内部与外表面形成一定的水力梯度，从而使得压力水在混凝土内部发生渗流运动，压力水在运动过程中给混凝土内部微裂纹施加面荷载产生劈裂效应，此时相当于楔体的楔入作用，加剧了混凝土内部微裂纹的发展，混凝土渗透系数随之提高，压力水渗入加快，从而形成一个恶性循环过程[130]。同时，当裂缝扩展足够慢时，混凝土外部的压力水总能及时到达裂缝尖端[131]，形成楔入效应，促进混凝土内部微裂缝的扩展，使得混凝土损伤加剧，从而降低井壁混凝土试件峰值强度。

此外，本书研究成果与李宗利教授在文献[102]介绍的稍有不同，分析原因主要在于以下三点：①试件尺寸不同，李宗利教授采用的是尺寸为 150mm×150mm×150mm 的立方体试件，而根据刘保东等[132]相关研究成果可知，文献[102]中试件的面积体积比要小于本书所采用的 100mm×100mm×300mm 棱柱体试件面积体积比，因而本书选用的试件与压力水接触的面积大，水分渗入量大，含水率增加速度较快，能及时填充混凝土内孔隙；②文献[102]中试件的制备过程中并没有事先放入静水池内养护使其达到饱和状态，而是将达到养护龄期要求的混凝土试件从标准养护箱取出后直接放入恒压罐内，同时文献[102]在试验分析中未能充分考虑水压作用时间的影响，从而使得压力水未能有效充满试件内部孔隙；③文献[102]采用的混凝土试件强度等级较低，因此本身包含的微缺陷较多。

为了检验各因素对本试验结果影响的显著性，采用极差分析的方法对上述试验结果进行分析，如表3-5所示，各因素R值不同，表明各因素下属的试验水平发生变化时对试验结果的影响也不同。其中，R值越大表明对应因素水平的变化给试验结果带来的影响越大，因此R值最大的那个因素水平发生变化必然对试验结果影响最大，那么该因素就是要考虑的最主要因素[133]。

表3-5　峰值应力极差分析

极差分析指标	因素		
	水压	水压作用时间	混凝土强度等级
K1	64.23	62.26	54.80
K2	62.85	57.50	59.87
K3	55.30	56.86	63.48
K4	50.58	56.34	—
R	13.65	5.92	8.68

由表3-5可以看出，高压水直接作用下对井壁混凝土单轴抗压峰值强度影响的因素顺序从强到弱依次为水压、混凝土强度等级、水压作用时间。然而在使用极差分析法的过程中具有一定的局限性，不能把试验过程中的因素水平变化所引起的数据波动与试验误差所引起的数据波动区分开来，也无法对因素影响的重要程度给出精确的定量估计。为此，本书同时采用SPSS19.0数理统计分析软件中的一般线性模型单变量分析法进行处理，考虑主效应影响，分析结果如表3-6所示。

表 3-6 各因素主体间效应的检查

源	Ⅲ型平分和	df	均方	F	Sig
校正模型	801.282	8	100.160	6.897	0.010
截距	50782.014	1	50782.014	3496.811	0.000
水压	497.743	3	165.914	11.425	0.004
水压作用时间	88.691	3	29.564	2.036	0.198
混凝土强度等级	214.848	2	107.424	7.397	0.019
误差	101.657	7	14.522	R 方＝0.887	
总计	55172.135	16		（调整 R 方＝0.759）	
校正的总计	902.938	15			

由表 3-6Ⅲ型平分和比较可知,对高压水作用下混凝土单轴抗压峰值强度的影响,其中水压＞混凝土强度等级＞水压作用时间,这与极差分析结果是一致的。同时由图 3-5 可以看出影响因素中具体哪个水平最佳,其中水压为 4MPa,水压作用时间为 1d,混凝土强度等级为 C80 时最好,此组合作用下高压水对井壁混凝土造成的影响最小,使得混凝土峰值抗压强度降低最少。

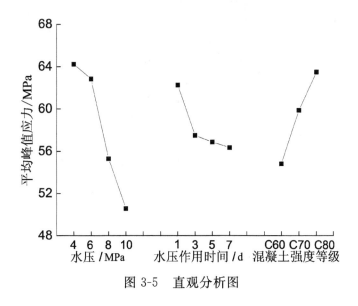

图 3-5 直观分析图

井壁混凝土试件在高压水形成的高渗透压作用下单轴压缩加载过程共经历了以下四个阶段:弹性阶段($\sigma \leqslant 0.5f_c$),这一阶段应力、应变呈线性增长关系;裂缝稳定扩展阶段($0.8f_c \leqslant \sigma \leqslant 0.9f_c$),这一阶段可隐约听到混凝土劈裂声响,同时在试件上端面可观察到极少量的竖向细微裂缝;裂缝失稳扩展阶段,主要表现在应力达到峰值强度后进入下降段,即随着变形持续扩展应力不断减小,试件外表面纵向陆续显露出若干条非连续短裂缝,当$0.4f_c \leqslant \sigma \leqslant 0.6f_c$时,在混凝土最薄弱面形成宏观斜裂缝;破坏阶段,试件上的荷载主要由斜面上的摩擦力和残存的黏结力共同承担,剩余承载力缓慢下降,最终试件呈剪压破坏,宏观破坏斜裂面与应力轴线呈7°~15°夹角,如图3-6所示。打开破裂面后发现若干试件内部有水浸湿的痕迹,且浸湿面积与混凝土强度等级及作用时间有关,其中混凝土强度等级越低、作用时间越长,浸湿面积越大。此外,试件的破坏面均发生在粗骨料与水泥砂浆交界处,以及砂浆内部,而粗骨料本身很少破裂。

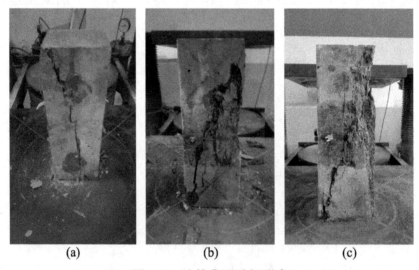

(a)　　　　　　　(b)　　　　　　　(c)

图 3-6　试件典型破坏形态

(a) C60/8MPa/3d;(b) C70/10MPa/3d;(c) C80/4MPa/3d

（2）电镜扫描试验

通过表 3.4 中波速损失率变化情况及上述相关分析可知，高压水作用下井壁混凝土内部微裂纹得到扩展，压力水及时充填到微裂纹中，使得声波在混凝土试件内部的传播速度加快，混凝土损伤加剧，而极少数波速损失率为负值，这是因为在微裂纹扩展后孔隙水没有及时进入。为了对这一分析结果进行验证，同时为了客观形象地观察到高压水作用下井壁混凝土试件内部微裂纹扩展的真实情况，在单轴加载试验结束后打开或搬开试件破裂面，进行断面取样，并采用 S-3000N 扫描电子显微镜进行电镜扫描试验。通过电镜扫描观察高压水作用下井壁混凝土内部微裂缝的真实发展情况，进而可以直观地描述井壁混凝土在高压水作用下的损伤情况，以此作为分析的依据。

扫描试样送入实验室前先做好标记，并严格按照相关 SEM 制样要求用榔头和凿子直接从破坏断面取出块状且表面平整的微粒，微粒形状要求是规则的，且最大尺寸不超过 1cm[134]。试验过程由专门试验人员进行操作，先对要观察的试样表面喷银，待银层凝固后，再放入扫描仪中进行观察。整个试验分三阶段完成，由于试验人员操作水平的差异，扫描出来的图像效果不尽相同，规定每个扫描试样拍摄出三张照片，其内容为试样中最连贯微裂缝及试样中微孔洞的分布情况，微裂缝扩展 SEM 试验结果如图 3-7 所示。

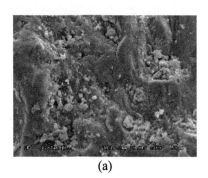 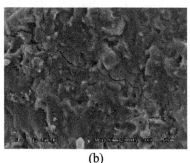

(a)　　　　　　　　　　　　(b)

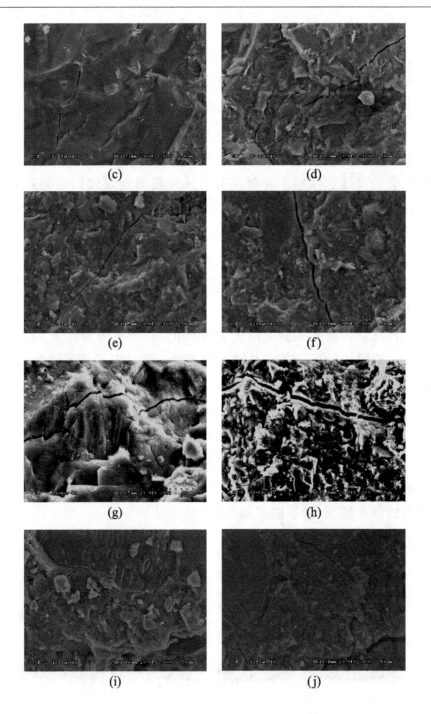

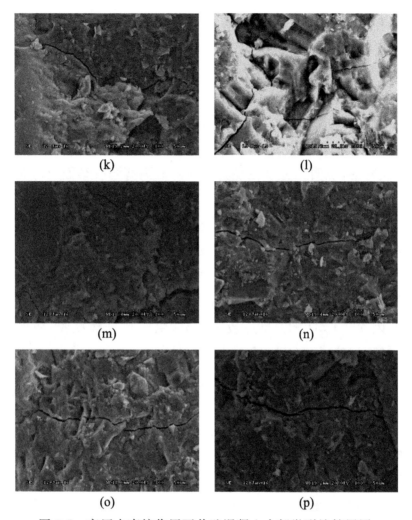

图 3-7　高压水直接作用下井壁混凝土内部微裂缝扩展图

(a) C60/4MPa/1d；(b) C60/4MPa/5d；(c) C60/6MPa/3d；

(d) C60/6MPa/7d；(e) C60/8MPa/3d；(f) C60/8MPa/7d；

(g) C60/10MPa/1d；(h) C60/10MPa/5d；(i) C70/4MPa/7d；

(j) C70/6MPa/1d；(k) C70/8MPa/5d；(l) C70/10MPa/3d；

(m) C80/4MPa/3d；(n) C80/6MPa/5d；(o) C80/8MPa/1d；(p) C80/10MPa/7d

　　由图 3-7 可以看出不同水压、不同水压作用时间下不同强度等级混凝土试件内部微裂纹扩展情况不同,其损伤程度也不相同。其中图 3-7(h)捕捉到的裂纹宽度最宽且裂缝较长,说明在 10MPa 的高渗透压长期作用下混凝土内部形成的劈裂力作用效果最为明显;从图 3-7(a)与图 3-7(j)来看裂纹宽度及长度相差不大,说明井壁混凝土损伤情况大致相同,与表 3-4 中两者波速损失率大体对应;图 3-7(c)、图 3-7(d)、图 3-7(g)、图 3-7(l)中主裂纹宽度虽然较窄,但四周均分散着若干从裂纹,且从裂纹与主裂纹是连通的,并无明显方向性特征,说明压力水在混凝土内部遇到薄弱胶结面时即有可能发生劈裂,形成劈裂裂纹。由图 3-7 中 16 张 SEM 微观结构扫描图可以看出净浆硬化后各水化产物相互胶结,组成致密的连续相,总的来说,混凝土内部结构十分密实完整,仅有极个别 SEM 图中出现少量白色物质(为 $Ca(OH)_2$)。由于井壁混凝土的配制过程中添加了高效复合添加剂 NF-F(含有硅粉、粉煤灰等),而硅粉等颗粒极细,因而与 $Ca(OH)_2$ 反应较为充分,生成 C-S-H 凝胶,使得水泥水化过程加速,$Ca(OH)_2$ 含量大大降低。

3.1.5　高压水直接作用下井壁混凝土损伤演变方程及本构模型

由表 3-4 可知,在不同水压和不同水压作用时间下,井壁混凝土单轴抗压宏观力学性能发生了较大的变化,这是因为高压水在井壁混凝土内形成了高渗透压作用,给井壁混凝土内部微裂缝施加了劈裂力,加速了微裂缝的扩展与贯通,给井壁混凝土造成损伤。此处定义高压水作用对井壁混凝土造成的损伤为 D_w,由于本次试验过程中对高压水作用前后井壁混凝土试件波速进行了测试,而由上述分析可知,波速的变化与试件内微裂纹的扩展程度有关,可近似认为微裂纹扩展越大、范围越广,试件损伤越严重,故可建立如下关系式:

$$D_w = \frac{V_b - V_a}{V_b} = \frac{T_a - T_b}{T_a} \tag{3-1}$$

基于 Lemaiter(勒梅特)等效应变原理,即在单轴受力状态下,受损材料的任何应变本构关系可由无损材料的本构方程进行推导，只需用损伤后的有效应力取代无损材料本构关系中的名义应力即可[135-136]。假设由于混凝土材料内部发生损伤，其实际未受损的等效阻力体积为 V_m，损伤区体积为 V_d，总体积即名义体积为 V，则由 $V = V_m + V_d$，引入损伤变量 $D = V_d/V (0 \leqslant D \leqslant 1)$。则材料损伤本构关系可用下式描述：

$$\sigma = E_0(1-D)\varepsilon \qquad (3-2)$$

参照高压水直接作用下井壁混凝土单轴压缩状态应力-应变曲线特征，采用 Weibull 分布的密度函数模拟全应力-应变曲线。由于混凝土强度遵循 Weibull 统计分布，故也可认为混凝土损伤参数 D 遵循 Weibull 统计分布，则用两参数 Weibull 统计分布表示为：

$$D = 1 - \exp\left[-\left(\frac{\varepsilon}{\alpha}\right)^{\beta}\right] \qquad (3-3)$$

式中　α——尺度参数，$\alpha > 0$；

　　　β——形状参数，$\beta > 0$。

由连续介质损伤力学基本关系式，井壁混凝土在单轴受压状态下轴向应力-应变关系如式(3-2)所示，将式(3-2)代入式(3-3)得：

$$\sigma = E_0\varepsilon\exp\left[-\left(\frac{\varepsilon}{\alpha}\right)^{\beta}\right] \qquad (3-4)$$

根据应力-应变全曲线的特点[137]，采用下列几何边界条件确定 α、β 两未知参数：① $\varepsilon = 0$，$\sigma = 0$；② $\varepsilon = 0$，$d\sigma/d\varepsilon = E_0$；③ $\sigma = \sigma_{pk}$，$\varepsilon = \varepsilon_{pk}$；④ $\sigma = \sigma_{pk}$，$d\sigma/d\varepsilon = 0$。其中 σ_{pk} 为峰值应力，ε_{pk} 为峰值应变。

对式(3-4)两端 ε 求导，得：

$$\frac{d\sigma}{d\varepsilon} = E_0\exp\left[-\left(\frac{\varepsilon}{\alpha}\right)^{\beta}\right]\left[1 - \beta\left(\frac{\varepsilon}{\alpha}\right)^{\beta}\right] \qquad (3-5)$$

将边界条件③、④代入式(3-5)，得：

$$0 = E_0\exp\left[-\left(\frac{\varepsilon_{pk}}{\alpha}\right)^{\beta}\right]\left[1 - \beta\left(\frac{\varepsilon_{pk}}{\alpha}\right)^{\beta}\right] \qquad (3-6)$$

由于 $E \neq 0$，$\exp\left[-\left(\dfrac{\varepsilon_{pk}}{\alpha}\right)^{\beta}\right] \neq 0$，则有：

$$1 - \beta\left(\frac{\varepsilon_{pk}}{\alpha}\right)^{\beta} = 0 \tag{3-7}$$

由式(3-7)可得 $\beta\left(\dfrac{\varepsilon_{pk}}{\alpha}\right)^{\beta} = 1$，整理后可得 $\alpha = \varepsilon_{pk} / \left(\dfrac{1}{\beta}\right)^{\frac{1}{\beta}}$，代入式(3-4)，并结合边界条件③整理可得：

$$\beta = \frac{1}{\ln\left(\dfrac{E_0 \varepsilon_{pk}}{\sigma_{pk}}\right)} \tag{3-8}$$

将 $\alpha = \varepsilon_{pk} / \left(\dfrac{1}{\beta}\right)^{\frac{1}{\beta}}$ 代入式(3-3)可得：

$$D = 1 - \exp\left[-\frac{1}{\beta}\left(\frac{\varepsilon}{\varepsilon_{pk}}\right)^{\beta}\right] \tag{3-9}$$

式(3-9)即为井壁混凝土单轴受压作用下损伤演变方程，由式(3-8)和式(3-9)可知，损伤因子 D 与材料的峰值应力、峰值应变、初始弹性模量、应变有关。

将式(3-9)代入式(3-2)即可得到井壁混凝土损伤本构模型，如下所示：

$$\sigma = E_0 \varepsilon \exp\left[-\frac{1}{\beta}\left(\frac{\varepsilon}{\varepsilon_{pk}}\right)^{\beta}\right] \tag{3-10}$$

式(3-10)即为井壁混凝土单轴受压作用下损伤本构模型。其中 E_0、ε_{pk} 可由本次试验确定，故可求得 α、β 值，如表 3-7 所示。

表 3-7 井壁混凝土损伤本构模型参数

试验编号	α	β	D_w
1	0.0015	18.3833	0.0216
2	0.0020	10.3322	0.0414
3	0.0016	9.0982	-0.00479

试验编号	α	β	D_w
4	0.0015	17.5794	0.0146
5	0.0027	3.2117	−0.00979
6	0.0017	22.3788	0.0224
7	0.0016	25.7765	0.0491
8	0.0023	6.3521	0.0125
9	0.0015	8.0746	0.00718
10	0.0025	3.8478	−0.00784
11	0.0019	3.7468	0.0112
12	0.0027	2.5791	0.0158
13	0.0015	13.7812	0.0125
14	0.0018	5.8849	0.0278
15	0.0015	8.0607	0.00734
16	0.0025	3.6743	−0.00841

考虑到本次试验过程中高压水作用下井壁混凝土宏观力学性能降低,压力水对井壁混凝土构成的损伤,同时为确定高压水直接作用下井壁混凝土单轴压缩损伤演变方程及本构模型,对 D_w 和 β 进行线性拟合,拟合结果如下:

(1)C60 井壁混凝土

$$\beta = 377.34D_w + 9.263 \quad (R^2 = 0.786) \quad (3\text{-}11)$$

(2)C70 井壁混凝土

$$\beta = 166.2D_w + 2.719 \quad (R^2 = 0.745) \quad (3\text{-}12)$$

(3)C80 井壁混凝土

$$\beta = -39.167D_w + 3.228 \quad (R^2 = 0.718) \quad (3\text{-}13)$$

将上述拟合结果分别代入式(3-9)和式(3-10)可得：

(1)C60 井壁混凝土

$$D = 1 - \exp\left[- \frac{1}{377.34D_w + 9.263} \left(\frac{\varepsilon}{\varepsilon_{pk}} \right)^{377.34D_w + 9.263} \right] \quad (3\text{-}14)$$

$$\sigma = E_0 \varepsilon \exp\left[- \frac{1}{377.34D_w + 9.263} \left(\frac{\varepsilon}{\varepsilon_{pk}} \right)^{377.34D_w + 9.263} \right] \quad (3\text{-}15)$$

(2)C70 井壁混凝土

$$D = 1 - \exp\left[- \frac{1}{166.2D_w + 2.719} \left(\frac{\varepsilon}{\varepsilon_{pk}} \right)^{166.2D_w + 2.719} \right] \quad (3\text{-}16)$$

$$\sigma = E_0 \varepsilon \exp\left[- \frac{1}{166.2D_w + 2.719} \left(\frac{\varepsilon}{\varepsilon_{pk}} \right)^{166.2D_w + 2.719} \right] \quad (3\text{-}17)$$

(3)C80 井壁混凝土

$$D = 1 - \exp\left[- \frac{1}{-39.167D_w + 3.228} \left(\frac{\varepsilon}{\varepsilon_{pk}} \right)^{-39.167D_w + 3.228} \right]$$

$$(3\text{-}18)$$

$$\sigma = E_0 \varepsilon \exp\left[- \frac{1}{-39.167D_w + 3.228} \left(\frac{\varepsilon}{\varepsilon_{pk}} \right)^{-39.167D_w + 3.228} \right]$$

$$(3\text{-}19)$$

分别对各试验条件下井壁混凝土应力-应变曲线进行拟合，结果如图 3-8 所示。

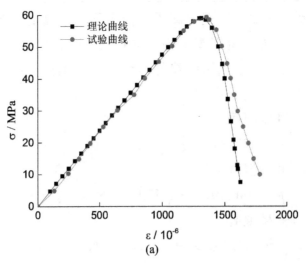

(a)

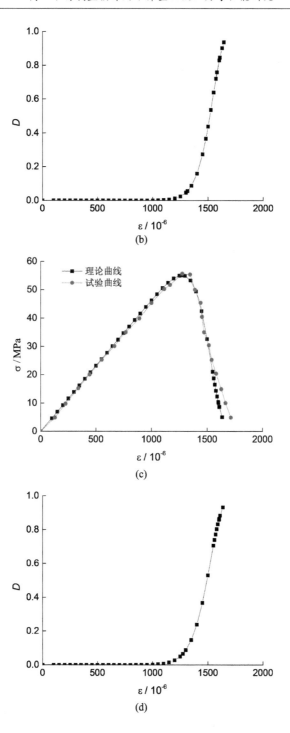

(b)

(c)

(d)

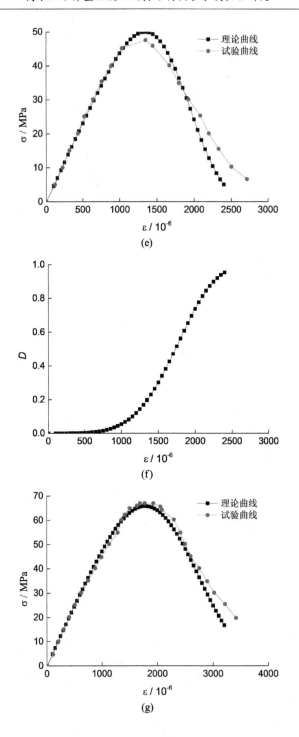

(e)

(f)

(g)

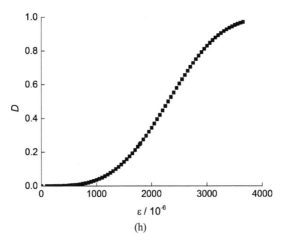

(h)

图 3-8　井壁混凝土试验曲线与理论曲线比较及损伤变量曲线

（a）C60/6MPa/3d 试验曲线和理论曲线对比；（b）C60/6MPa/3d 损伤变量曲线；

（c）C60/8MPa/3d 试验曲线和理论曲线对比；（d）C60/8MPa/3d 损伤变量曲线；

（e）C70/10MPa/3d 试验曲线和理论曲线对比；（f）C70/10MPa/3d 损伤变量曲线；

（g）C80/4MPa/3d 试验曲线和理论曲线对比；（h）C80/4MPa/3d 损伤变量曲线

　　由图 3-8(a)、图 3-8(c)、图 3-8(e)、图 3-8(g)可以看出，在高压水形成的高渗透压作用下对井壁混凝土产生的损伤 D_w 所构建的单轴压缩状态下损伤本构方程理论曲线与试验曲线在峰值前阶段拟合度极好，峰值后偏差稍大。此外，无论是从理论曲线还是试验曲线均可发现井壁混凝土峰值前阶段应力-应变线性特征明显，峰后应变范围较窄，分析认为这与井壁混凝土受高压水的作用有关，随后短时间内即发生破坏，脆性特征较为明显。再从图 3-8(b)、图 3-8(d)、图 3-8(f)、图 3-8(h)可以看出井壁混凝土试件在加载初始阶段损伤极小，直到峰值应力后损伤开始加剧，随后极速变化，与应力-应变曲线峰后阶段变化情况相对应。观察图 3-8(b)、图 3-8(d)发现井壁混凝土试件在峰值前损伤几乎为零，存在明显的损伤阈值，而图 3-8(f)、图 3-8(h)也存在损伤阈值，且相对图 3-8(b)、图 3-8(d)而言要小很多，这与目前学者们认为混凝土在线弹性阶段不发生损伤,损伤因子 D 恒定为 0 这一观点相吻合[138]。此外,图 3-8 (a)、图 3-8(c)对应条件下加载试件的峰值应变较小,脆性特征明显。

3.2　高压水直接作用下井壁混凝土水力耦合渗透性试验研究

3.2.1　主要试验设备

本次试验采用 TAW-2000 微机控制电液伺服岩石三轴试验机,如图 3-9 所示。该试验机测控系统选用美国原装进口器件制造,采用计算机总线设计,测量系统具有自动调零、自动标定、连续全程测量不分挡等功能。能够开展混凝土/岩石三轴压缩试验、孔隙渗透试验;能够自动精确地控制及显示试验力、围压、孔隙水压、轴向变形、径向变形等。主要技术参数如表 3-8 所示。

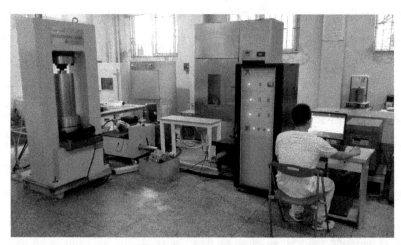

图 3-9　TAW-2000 微机控制电液伺服岩石三轴试验机

表 3-8　TAW-2000 微机控制电液伺服岩石三轴试验机主要技术参数

项目	技术参数
最大试验力/kN	2000
试验力测量分辨率	1/200000
试验力测量范围	2％～100％FS
试验力测量误差	±1％
最大围压/MPa	100
围压测量分辨率	1/200000
围压测量范围	2％～100％FS
围压测量误差	±2％
最大孔隙水压/MPa	60
孔隙水流量精度	±1％

3.2.2　试件制备

本次试验用混凝土试件仍采用第 2 章表 2-9 所示配合比进行浇筑,且同一批次、同一强度等级混凝土一次性浇筑 6 块尺寸规格为 150mm×150mm×150mm 的立方体试件。标准养护 28d 后,采用岩石钻孔取芯机进行取芯,一个立方体试件可取出直径为 50mm 的圆柱体试样 5 个,随机选取 3 块立方体试件进行钻孔取芯,并采用岩石切割机和磨平机将其加工成 ϕ50mm×100mm 的圆柱体标准试件,共计 15 件。再根据试件的强度等级及所钻取的立方体试件顺序进行编号,例如强度等级为 C60 且从第一个试件钻孔取芯,则 5 个圆柱体试件分别标记为 C60-1、C60-2、C60-3、C60-4、C60-5,以此类推。标记完成后从同等强度等级混凝土试件中随机取出 5

个圆柱体试样,并与剩余的 3 块立方体试件一起进行单轴抗压试验,测试其峰值强度。按下列方法取圆柱体试件单轴抗压强度试验值,即去除一个最大值和一个最小值,对剩余的三个值求均值;立方体试件试验结果直接求均值得到,最终结果见表 3-9。其余圆柱体试件采用水泥浆封堵表面明显孔洞,一天后放入室内静水养护池内继续养护 45d,一方面减弱龄期对混凝土试件强度的影响,另一方面使其试验时能够达到饱水状态。

表 3-9　立方体试件与圆柱体试件单轴抗压强度

混凝土强度等级	立方体试件单轴抗压强度/MPa	圆柱体试件单轴抗压强度/MPa
C60	68.97	52.46
C70	78.46	61.94
C80	86.91	70.99

将表 3-9 试验数据进行线性回归,得到高强高抗渗井壁混凝土立方体试件与圆柱体试件单轴抗压强度经验换算公式:

$$f_{cyl} = 0.79 f_{cub} \tag{3-20}$$

式中　f_{cub}——立方体试件单轴抗压强度,MPa;

　　　f_{cyl}——圆柱体试件单轴抗压强度,MPa。

3.2.3　试验方法及过程

本次开展的是井壁混凝土在三轴状态下应力渗流耦合渗透性试验,研究不同围压、不同孔隙水压对不同强度等级井壁混凝土损伤影响和峰值强度以及渗透性变化情况。要求试验所施加的围压必须大于孔压[139]。结合煤矿立井井筒实际工作环境,根据地下水动力学理论,假定井壁混凝土最高可受到 10MPa 左右的孔隙水压力作用,按照表 3-10 进行试验参数设计。

表 3-10 井壁混凝土应力渗流耦合渗透性试验设计表

试验编号	混凝土强度等级	孔隙水压/MPa	围压/MPa	试件尺寸
T-1	C60	4	7	ϕ49.90mm×101.50mm
T-2	C60	6	7	ϕ49.92mm×101.84mm
T-3	C60	6	9	ϕ49.90mm×100.40mm
T-4	C60	8	9	ϕ49.82mm×100.70mm
T-5	C60	8	11	ϕ49.94mm×100.92mm
T-6	C60	10	11	ϕ49.98mm×101.70mm
T-7	C70	4	7	ϕ49.96mm×101.58mm
T-8	C70	6	7	ϕ49.92mm×100.74mm
T-9	C70	6	9	ϕ49.84mm×101.94mm
T-10	C70	8	9	ϕ50.10mm×101.74mm
T-11	C70	8	11	ϕ49.46mm×101.78mm
T-12	C70	10	11	ϕ50.10mm×101.66mm
T-13	C80	4	7	ϕ49.98mm×101.54mm
T-14	C80	6	7	ϕ50.02mm×101.10mm
T-15	C80	6	9	ϕ49.82mm×101.58mm
T-16	C80	8	9	ϕ49.90mm×101.78mm
T-17	C80	8	11	ϕ49.84mm×100.10mm
T-18	C80	10	11	ϕ49.98mm×101.90mm

　　正式试验前需要对试件进行预处理,确保试件在加载过程中严格处于密封状态,这是因为试验过程中围压始终比孔压大,一旦试件未密封好,孔隙水将无法继续渗透到试件内部。预处理操作过程

具体如下[140]：将圆柱体混凝土试件下端平整放置在带孔的钢垫块接头上，用自粘性胶带牢固缠绕试件与钢垫块，用同样的方法在试件上端面放置钢垫块并牢固缠绕自粘性胶带。为了防止围压过高导致接触面处热缩管被压裂漏油，事先剪两小段约 8cm 长热缩管分别套在上下接触面处并用热吹风对其加热使其收缩紧固。再用热缩管一次性包裹住两个钢垫块及整个试件，采用同样的方法使其紧固，该步骤重复操作一次，以确保加载过程中压力仓内油压与试件内渗透压隔离。最后安装轴向引伸计和环向引伸计，并将引伸计数据线与底座接口连接，安装孔隙水压加载装置，试验时试件上端孔隙水压始终保持在预设值，下端与大气相连，从而形成渗透压差，安装好的试件如图 3-10 所示。

　　试验正式开始后，首先施加 1kN 的轴向压力使得试件上下端面与试验机压头充分接触，然后待围压加载至 1MPa 后再施加 0.8MPa 孔隙水压，此过程完成后使其饱水 30min。随后先将围压施加至设计值，再将孔隙水压施加至设计值，并饱水 15min。最后在轴向荷载内先采用负荷控制，当变形为正且具有继续上升趋势时，立即以 0.1mm/min 的速度进行轴向加载，围压和孔隙水压始终保持不变，整个加载过程试验仪器自动记录下轴向应力、轴向应变、环向应变、水流量等试验数据以供后期分析。

图 3-10　试件安装实例

3.2.4　试验结果与分析讨论

　　由第 2 章井壁混凝土物理力学参数试验结果可知，本次浇筑的混凝土试件结构致密、孔隙度小、渗透率低。TAW-2000 微机控制电液伺服岩石三轴试验机为实验室最新进购设备，试验员操作水平有限,且该试验仪器施加孔隙水压仅有一个动力源,无法采用瞬态法测试混凝土全应力-应变过程各阶段渗透系数变化具体值[141-142]。在稳态法测试过程中由于上述种种原因也未能获得试验过程中渗透系数与应变的精确关系曲线[143],故以水流量与应变关系曲线中的斜率变化来间接表示试件在水力耦合过程中渗透率变化情况。井壁混凝土水力耦合渗透性试验结果如表3-11所示。

表3-11　井壁混凝土水力耦合渗透性试验结果

试验编号	峰值应力/MPa	峰值轴向应变	峰值环向应变	三轴割线弹性模量/GPa
T-1	108.98	0.00455	0.00354	24.83
T-2	79.15	0.00444	0.00479	19.82
T-3	112.11	0.00525	0.00424	27.80
T-4	92.93	0.00480	0.00673	21.89
T-5	115.40	0.00597	0.00397	22.56
T-6	103.42	0.00589	0.00459	19.74
T-7	113.13	0.00501	0.00316	29.77
T-8	103.93	0.00669	0.00599	24.31
T-9	118.16	0.00641	0.00544	26.46
T-10	116.71	0.00687	0.00542	21.29
T-11	122.39	0.00467	0.00343	33.55
T-12	119.49	0.00485	0.00357	31.57
T-13	121.27	0.00759	0.00335	21.29
T-14	106.28	0.00596	0.00794	23.17
T-15	128.05	0.00598	0.00331	33.27
T-16	124.69	0.00680	0.00257	22.42
T-17	136.54	0.00699	0.00322	27.44
T-18	127.63	0.00621	0.00482	28.21

从表 3-11 可以看出井壁混凝土在相同围压作用下,随着孔隙水压力的增大(即渗透压差的增大),三轴峰值强度减小;在相同孔隙水压力作用下,随着围压的增大,三轴峰值强度增大。前者是由于孔隙水压力增大加速了井壁混凝土的损伤进程,使其在同等变形条件下损伤加速破坏提前;后者是由于围压增大能够抑制住井壁混凝土内部微缺陷的扩展贯通,所以破坏应力增大明显。C60 井壁混凝土在相同围压作用下,随着孔隙水压的增大,三轴峰值应力依次减小 27.37%、17.11%、10.38%;在相同孔隙水压作用下,随着围压的增大,三轴峰值应力依次增大 41.64%、24.18%。由此可见在水力耦合渗透性试验中,孔隙水压随着围压增大对峰值强度发展的威胁逐渐减弱,围压对峰值强度的影响起主导作用,孔隙水压对峰值强度有一定影响,但影响程度没有围压大,从 C70 和 C80 井壁混凝土试验结果对比分析也可以得到相同结论。现取 20%～40% 这段轴向应力与轴向应变的比值为割线弹性模量[144],容易发现 C60、C70 井壁混凝土在相同围压、不同孔隙水压作用下,割线弹性模量随着峰值应力的减小而减小,C80 表现不明显,这可能与试件的离散型及试验操作过程有关。同时发现水力耦合作用下,井壁混凝土的割线弹性模量较表 2-13 及表 3-4 均明显降低,说明在试验加载过程中孔隙水在混凝土内部渗流对其造成的损伤影响较为明显,加速了试件的变形破坏过程。这是因为孔隙水形成的渗流场对应力场和变形场均构成了影响,三者相互耦合,同等条件下孔隙水压越大,耦合影响越大,从而造成井壁混凝土峰值强度及割线弹性模量降低[145]。因此深厚含水层段煤矿立井井筒设计时应充分考虑应力-渗流-变形的耦合影响,使得设计成果更加科学合理。下面以 C60 井壁混凝土为例,给出试验过程中应力渗流耦合损伤状态下应力-应变曲线,如图 3-11 所示。

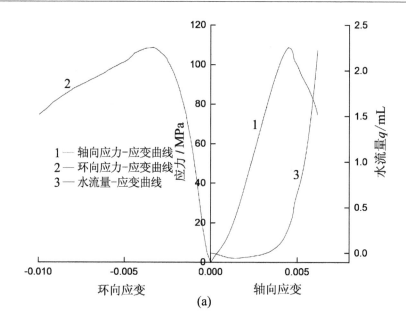

(a)

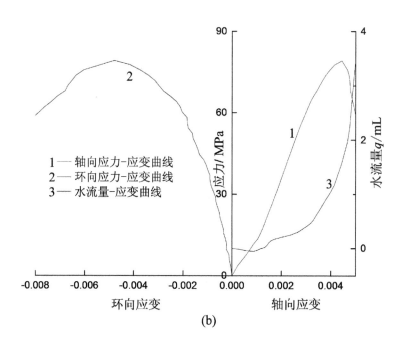

(b)

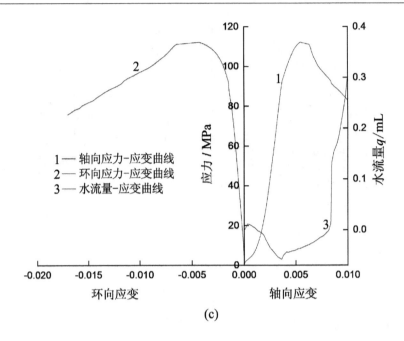

(c)

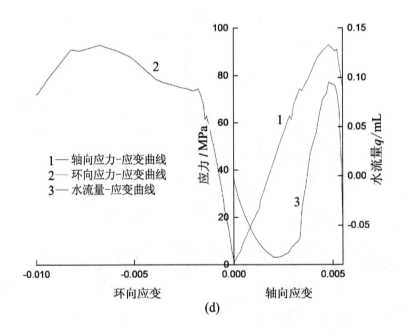

(d)

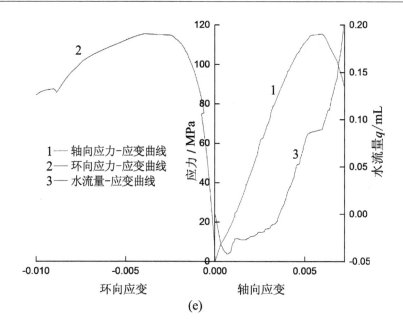

(e)

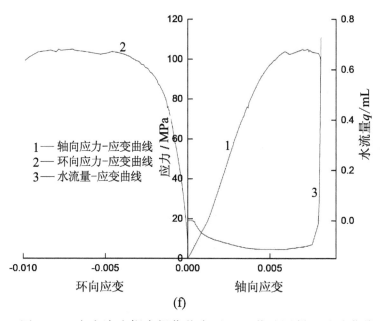

(f)

图 3-11　应力渗流耦合损伤状态下 C60 井壁混凝土试验曲线

（a）T-1 试验曲线；（b）T-2 试验曲线；（c）T-3 试验曲线；

（d）T-4 试验曲线；（e）T-5 试验曲线；（f）T-6 试验曲线

　　观察图 3-11 中各图可以发现,孔隙水流量与轴向应变的关系曲线存在多种不同的表现形式,其中以图 3-11(a)和图 3-11(b)为代表的关系曲线在试验开始加载阶段水流量斜率变化平缓,有微弱减少的趋势,说明混凝土渗透率在减小,这主要是由于侧向施加较高的围压使得试件内部微裂隙发生闭合;随着轴向加载的继续进行,孔隙水流速呈现出增大的趋势,这是因为试件内部微裂缝在轴压作用下得到萌生、发展;随后孔隙水流速在峰值应力附近突然急剧增加,呈直线上升趋势,此时试件内部众多微裂纹逐渐扩展形成宏观裂纹,其中 T-1、T-2 试验曲线水流量突增点位置均在峰值应力前。图 3-11(c)、图 3-11(d)、图 3-11(e)、图 3-11(f)中水流量-应变曲线发展规律大致与图 3-11(a)、图 3-11(b)相同,孔隙水流速均经历了先减少然后缓慢增加最后在峰值点附近突增的过程,不同之处在于开始加载阶段孔隙水流速减小程度明显,T-4 试验曲线表现得更为突出,这主要是由于 T-3、T-4、T-5、T-6 与 T-1、T-2 试验条件不同,围压增大使得混凝土试件内部微裂纹、微裂隙闭合得更加密实,孔隙水难以渗入。从图 3-11(d)和图 3-11(e)水流量-应变关系曲线中还可以看出,孔隙水流速突增点提前到来,大概在峰值应力 80% 处,这主要是因为 T-4 和 T-5 试件在轴向加载过程中内部裂隙发展较快,更早地形成了内部连通性裂隙渗流网。此外,T-4 试验水流量-应变关系曲线在峰值点后呈下降趋势,与其他试验结果存在明显区别。分析原因认为峰值点前试件裂隙发育较完整,峰值点后随着轴向应力的降低,围压再次将试件内部裂隙压密,从而使得试件渗透率降低,水流量下降。从 T-3 试验曲线也可以发现类似现象,峰值后水流量突增,渗流率急剧增大,随着轴向卸载的继续进行,水流量-应变曲线斜率开始减小,围压将试件内部裂隙再次压密,渗流率开始微降。

　　最终 C60 井壁混凝土在不同围压、不同孔隙水压作用下的破坏形态如图 3-12 所示。

图 3-12　应力渗流耦合损伤状态下 C60 井壁混凝土破坏形态

（a）T-1；（b）T-2；（c）T-3；（d）T-4；（e）T-5；（f）T-6

　　由图 3-12 可以看出,井壁混凝土圆柱体试件在应力渗流耦合作用下破坏形式基本相同,均为斜剪破坏,破坏面与纵轴夹角约成45°,且随着渗透压差的增大,试件表面破坏裂纹增多,破坏程度更加明显。在相同围压、不同孔隙水压作用下,孔隙水压越大,试件破坏裂纹越连贯、裂纹宽度越大,如图 3-12(b)、图 3-12(d)所示,说明孔隙水压力在混凝土试件内部微裂纹发展过程中占有至关重要的地位,加大了试件的渗透破坏程度。

3.2.5 井壁混凝土渗透率演化概念模型

由 3.2.4 节分析可知,井壁混凝土在应力渗流耦合损伤状态下变形与破坏特征大致可以分为以下 4 个阶段[146]:Ⅰ阶段,混凝土内初始微缺陷在围压和轴压共同影响下逐渐压实闭合,此时水流量随轴向应变增大而逐渐减小,间接反映出混凝土试件渗透率随轴向应变增大而逐渐减小的特点;Ⅱ阶段,试件内部微裂隙、微孔隙进一步被压密闭合,试件体积进一步减小但减小程度十分有限。水流量在此阶段变化不大,可近似为一固定值,从而说明混凝土试件渗透率在此阶段几乎不发生变化,可认为此时试件处于弹性变形阶段,相应的应力-应变曲线为直线段;Ⅲ阶段,随着轴向荷载继续增大,试件内部新生裂隙得到萌生、发展,与此同时原有微裂隙、微孔隙继续扩展、贯通,水流量开始增大,峰值应力附近水流量突然剧增,这是由于试件内部裂隙完全张开所致,从而间接说明此时的渗透率最大;Ⅳ阶段,峰值应力至峰值应力后 70% 处,水流量随应变增大变化较为复杂,持续变形使得试件内部裂纹之间发生滑移摩擦,此阶段渗透率的变化主要取决于试件内部微结构组成以及所施加的围压等因素。

由上述分析可知,加载各阶段流入试件内的孔隙水流量始终与试件渗透率具有一一对应的关系,则根据井壁混凝土应力渗流耦合损伤状态下变形与破坏过程中水流量与应变的变化特点,现提出一个概念模型用于间接描述井壁混凝土在各加载阶段渗透率变化规律,如图 3-13 所示。

如图 3-13 所示,Ⅰ阶段,裂纹闭合、水流量下降、渗透率降低;Ⅱ阶段,试件微裂纹、微孔隙被进一步压实,水流量趋于常值,渗透率近似稳定在一固定值附近;Ⅲ阶段,微裂纹开始增长并逐渐扩展、贯通,水流量开始逐步上升,试件渗透率持续增加、损伤加剧;Ⅳ阶段反映了峰值应力后水流量变化情况,图 3-13 反映出渗透率在峰值应力后 70% 这段应变区间内仍具有上升趋势,但由于影响峰值

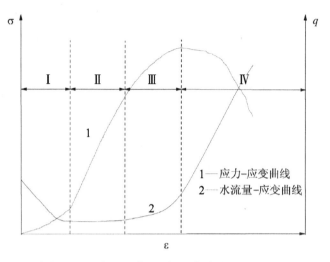

图 3-13 井壁混凝土渗透率演化概念模型

应力后阶段渗透率变化的因素较多,故其本身变化也较复杂。在上述概念模型内,混凝土渗透率演化Ⅰ、Ⅱ阶段均可近似看作均匀变形阶段,混凝土的力学性能总体较稳定,力学行为可以用经典强度理论来描述,也可采用线弹性本构模型;渗透率演化Ⅲ、Ⅳ阶段可看作局部变形阶段,随着变形的增大,混凝土力学行为变化较大,不能再继续采用线弹性本构模型进行描述。

3.2.6　损伤本构模型的确定

本构模型是力学研究中一项基础性前沿课题,正确实用的本构关系能够较好地反映和揭示材料的物理力学特性,为人们进一步认识及合理刻画材料的力学行为提供推动力,为工程设计提供科学依据。

观察图 3-11 可以发现,C60 井壁混凝土三轴渗流耦合试验中应力-应变曲线可以分为上升段和下降段,同样 C70、C80 井壁混凝土三轴渗流耦合试验曲线亦可分为上升段和下降段。值得注意的是,目前对于水力耦合作用下高强井壁混凝土本构关系研究较少,特别是高强井壁混凝土下降段曲线方程更少,主要是因为高强井壁混凝土脆性特征明显,破坏急促,单轴试验峰值后试件几乎完全失去承载能力,而三轴试验对仪器设备以及加载方式的设置又有着很高的要求。徐晓峰虽然获得了水力耦合下井壁混凝土下降段曲线,但其建立的本构模型仅仅考虑到围压这一单一因素影响[36],忽略了渗透压的影响,显然不能充分说明问题。

通过观察上升段与下降段曲线变化特征,最终确定采用多项式进行拟合,并将整条曲线分为三段,根据最小二乘法原理对本次试验数据拟合出各段曲线特征参数,从而得到三轴渗流耦合条件下井壁混凝土分段式本构模型,该模型创新点之一是将围压和渗透压对井壁混凝土应力变形影响同时纳入考虑范围,如下式所示:

$$
\begin{cases}
\dfrac{\sigma}{\sigma_{pk}} = a_1 \dfrac{\varepsilon}{\varepsilon_{pk}} + (3.07 - 2.04a_1)\left(\dfrac{\varepsilon}{\varepsilon_{pk}}\right)^2 + (1.06a_1 - 2.10)\left(\dfrac{\varepsilon}{\varepsilon_{pk}}\right)^3, 0 \le \dfrac{\varepsilon}{\varepsilon_{pk}} < 1 \\[3mm]
\dfrac{\sigma}{\sigma_{pk}} = 1, \dfrac{\varepsilon}{\varepsilon_{pk}} = 1 \\[3mm]
\dfrac{\sigma}{\sigma_{pk}} = a_2 \dfrac{\varepsilon}{\varepsilon_{pk}} + (1.62 - 1.42a_2)\left(\dfrac{\varepsilon}{\varepsilon_{pk}}\right)^2 + (0.47a_2 - 0.75)\left(\dfrac{\varepsilon}{\varepsilon_{pk}}\right)^3, \dfrac{\varepsilon}{\varepsilon_{pk}} > 1
\end{cases}
$$

$$(3\text{-}21)$$

式中 a_1、a_2 的取值均与围压 σ_c、渗透压 σ_o 有关,拟合试验数据后得到其具体表达式如下:

$$
a_1 = -10.6348 + 0.5171\sigma_o - 0.0639\sigma_o^2 + 0.0046\sigma_o^3 + \frac{130.6951}{\sigma_c} - \frac{439.8211}{\sigma_c^2}
$$

$$
a_2 = 13.5644 - 2.8269\sigma_o + 0.4022\sigma_v^2 - 0.0151\sigma_o^3 - \frac{104.1338}{\sigma_c} + \frac{477.1652}{\sigma_c^2}
$$

同时假设由于混凝土材料内部发生损伤,其实际承担的未受损的等效阻力体积为 V_m,损伤区体积为 V_d,总体积即名义体积为 V,则 $V = V_m + V_d$,引入损伤变量 $D = V_d/V (0 \le D \le 1)$,则材料损伤本构关系可用下式进行描述:

$$\sigma = E_0(1 - D)\varepsilon \qquad (3\text{-}22)$$

参照三轴渗流耦合条件下井壁混凝土应力-应变曲线特征,采用 Weibull 分布的密度函数模拟全应力-应变曲线。由于混凝土强度遵循 Weibull 统计分布，故混凝土损伤参数 D 也可认为遵循 Weibull 统计分布，则用两参数 Weibull 统计分布表示为：

$$D = 1 - \exp\left[-\left(\frac{\varepsilon}{\alpha}\right)^{\beta}\right] \qquad (3\text{-}23)$$

上式中 α 为尺度参数，$\alpha > 0$；β 为形状参数，$\beta > 0$。

由连续介质损伤力学基本关系式可知，井壁混凝土在单轴受压状态下轴向应力-应变关系如式（3-22）所示，将式（3-22）代入式（3-23）有：

$$\sigma = E_0 \varepsilon \exp\left[-\left(\frac{\varepsilon}{\alpha}\right)^{\beta}\right] \qquad (3\text{-}24)$$

根据全应力-应变曲线的特点，采用下列几何边界条件确定 α、β 两未知参数：① $\varepsilon = 0$，$\sigma = 0$；② $\varepsilon = 0$，$\mathrm{d}\sigma/\mathrm{d}\varepsilon = E_0$；③ $\sigma = \sigma_{pk}$，$\varepsilon = \varepsilon_{pk}$；④ $\sigma = \sigma_{pk}$，$\mathrm{d}\sigma/\mathrm{d}\varepsilon = 0$。其中 σ_{pk} 为峰值应力，ε_{pk} 为峰值应变。

对式（3-24）两端 ε 求导得：

$$\frac{\mathrm{d}\sigma}{\mathrm{d}\varepsilon} = E_0 \exp\left[-\left(\frac{\varepsilon}{\alpha}\right)^{\beta}\right]\left[1 - \beta\left(\frac{\varepsilon}{\alpha}\right)^{\beta}\right] \qquad (3\text{-}25)$$

将边界条件③、④代入式（3-25）得：

$$0 = E_0 \exp\left[-\left(\frac{\varepsilon_{pk}}{\alpha}\right)^{\beta}\right]\left[1 - \beta\left(\frac{\varepsilon_{pk}}{\alpha}\right)^{\beta}\right] \qquad (3\text{-}26)$$

由于 $E \neq 0$，$\exp\left[-\left(\frac{\varepsilon_{pk}}{\alpha}\right)^{\beta}\right] \neq 0$，则有：

$$1 - \beta\left(\frac{\varepsilon_{pk}}{\alpha}\right)^{\beta} = 0 \qquad (3\text{-}27)$$

由式（3-27）可得到 $\beta\left(\frac{\varepsilon_{pk}}{\alpha}\right)^{\beta} = 1$，整理后可得 $\alpha = \varepsilon_{pk} / \left(\frac{1}{\beta}\right)^{\frac{1}{\beta}}$，代入式（3-24），并结合边界条件③整理可得：

$$\beta = \frac{1}{\ln\left(\dfrac{E_0 \varepsilon_{pk}}{\sigma_{pk}}\right)} \qquad (3\text{-}28)$$

将 $\alpha = \varepsilon_{pk} / \left(\frac{1}{\beta}\right)^{\frac{1}{\beta}}$ 代入式（3-23）可得：

$$D = 1 - \exp\left[-\frac{1}{\beta}\left(\frac{\varepsilon}{\varepsilon_{pk}}\right)^{\beta}\right] \qquad (3\text{-}29)$$

式(3-29)即为井壁混凝土单轴受压作用下损伤演变方程,由式(3-28)和式(3-29)可知,损伤因子 D 与材料的峰值应力、峰值应变、初始弹性模量、应变有关。

本书拟合出的理论曲线与测试曲线吻合度很高,对工程分析和设计具有一定的参考价值。同时与普通混凝土相比,三轴渗流状态下 C80 井壁混凝土达到损伤极限值有所提前,开始损伤阶段均发生在峰值点前,随后逐渐发展,峰值后阶段损伤发展特别快。见图3-14。

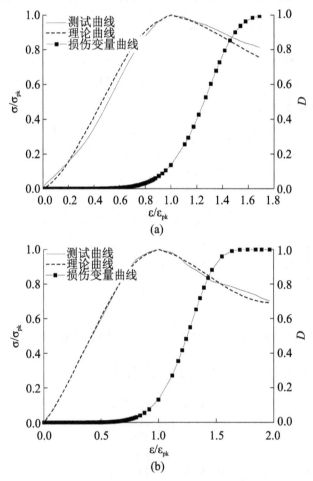

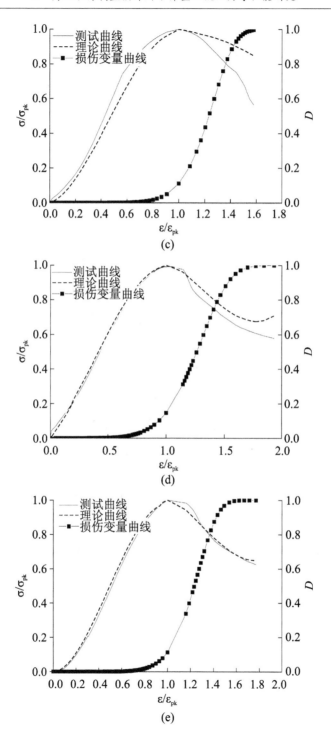

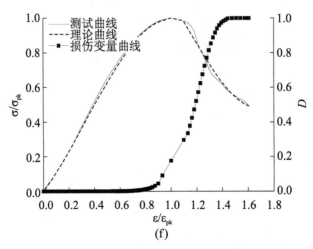

图 3-14　损伤变量曲线以及理论曲线与测试曲线的比较
(a)T-13；(b) T-14；(c) T-15；(d) T-16；(e) T-17；(f) T-18

3.3　本章小结

　　本章分别进行了高压水直接作用下井壁混凝土耦合损伤试验研究和高压水直接作用下井壁混凝土水力耦合渗透性试验研究，根据各自试验结果，结合混凝土强度理论、损伤力学理论等进行分析推导，建立了高压水直接作用下井壁混凝土损伤本构模型与损伤演化方程、应力渗流耦合损伤状态下井壁混凝土渗透率演化概念模型、围压和渗透压共同影响下的井壁混凝土分段式本构模型，以及损伤演化模型。根据各试验结果中宏观物理力学参数的变化，详细分析了两种试验条件下高压水在与井壁混凝土直接作用时的强度损伤，研究成果可为煤矿井筒筑壁材料——混凝土的设计与应用提供科学依据。

4 高压水荷载直接作用下井壁混凝土强度特征研究

　　煤矿井筒长期深埋于地下,在侧向水土压力、自重、温度应力和竖向附加力等众多外荷载共同作用下,井壁混凝土受到环向应力、竖向应力和径向应力共同作用,并长期工作于地下水环境中,处于三轴受力饱和水状态。因此,井壁结构设计时混凝土强度取值应有别于地面空气环境中混凝土拉压强度设计值。若考虑三轴受力效应,则采用多轴应力状态下混凝土强度取值标准[13],规范中多轴强度试验时施加的是机械荷载,纵使采用油泵施加围压,试件也是处于密封状态,未能与加载液直接接触[9]。然而,对于处于深厚冲积层含水段与含水基岩段的煤矿立井井壁而言,其真实工况下并没有密封橡胶套阻绝加载液与试件接触,试件直接承受高压水荷载的长期作用,在此种情况下混凝土强度变形特征是否与密封试件一样?在井壁结构混凝土强度验算时是否可以直接引用规范值?由于目前尚缺乏该方面的基础研究资料,为了确保深厚冲积层含水段与含水基岩段井壁结构设计既安全可靠又经济合理,需要对这一科学问题进行深入系统的基础研究。

4.1　主要试验设备

　　采用自主研制并经过认证的小型三轴高强井壁加载装置,如图4-1所示,该装置的特点在于能够通过高压水泵等加载系统给压力仓室内的试件直接施加水荷载,进而能够模拟真实工作环境下煤矿立井井筒井壁混凝土在水压与渗流场共同作用下的真实三轴受力与变形情况。试验开始前用电动单梁悬挂起重机将加载装置吊起，缓慢移动，最终平放在长柱式伺服压力试验机承压板上，并确保其处于对中位置。试验过程中由伺服压力试验机提供竖向荷载，并在开始阶段给予一定范围内的竖压，开展预压工作；同时确保加载装置顶端侧面气阀处于打开状态，再通过压力输水管向加载装置压力仓室内注满水后关闭气阀。试验过程中可通过高压水泵施加水围压，此时井壁混凝土试件处于真实水荷载直接作用下的常规三轴受力状态。为避免加载装置压力仓室上下端面圆环凹槽在加载过程中对混凝土端面产生影响，特别加工了两块厚度为 15mm、边长为 120mm 的立方体钢垫块，在距垫块四周边缘恰当位置竖向焊接细小的垫片用于试件定位，试验时反复调整以确保试样处于钢垫板正中位置。

图 4-1　小型三轴高强井壁加载装置

4.2　试件制备

本次试验采用第 2 章表 2-9 所示的高强高抗渗混凝土配合比分别浇筑 C60、C70、C80 三种不同强度等级井壁混凝土试件，试件采用尺寸为 100mm×100mm×100mm 的立方体。之所以没有采用 ϕ 50mm×100mm 的圆柱体试件，是由于该类尺寸试件往往是由一整块立方体试块钻孔取芯得到，从而易造成试件内部骨料分布不均匀，尤其是粗骨料的分布，试验表明即使从同一块混凝土立方体试样中取出若干圆柱体试件进行单轴抗压强度试验,其测试结果差异也十分明显,而直接采用同批次立方体试件进行单轴抗压强度试验基本能满足规范取值要求。因此为尽量避免试验数据离散性对结果分析的干扰,制备试件时同等强度等级混凝土试块应一次性浇筑而成。为了进行对比分析,将试件分为三种不同状态——常规状态混凝土试件、饱和状态混凝土试件、密封状态混凝土试件。常规状态混凝土试件制备,即将一次性浇筑的试块在标准养护箱内养护28d,随后随机取出三种不同强度等级试块各15块置于自然空气状态下继续养护15d;饱和状态混凝土试件制备,即将试块在标准养护箱中养护28d,然后随机取出三种不同强度等级试块各15块,并放入室内静水池中继续养护15d,使其达到饱和状态后再进行试验;密封状态混凝土试件制备,即将试块在标准养护箱中养护28d,然后随机取出三种不同强度等级试件各15块,采用防水材料在试件外表面先后涂刷两次,形成两层防水保护膜,再用游标卡尺在试块受压面测量其各边长,发现经过密封处理后的试块最大边长仅为100.3mm,可认为试块尺寸几乎不发生变化,随后将试块放入薄膜塑料密封套中,排尽空气后用硅橡胶在封口处密封,密封后的试块在自然空气状态下继续养护15d,如图4-2所示。

图 4-2　密封状态下井壁混凝土试件

4.3　试验方案

上述三种井壁混凝土试件达到养护条件后即可开始试验,试验设置三种不同影响因素,分别为混凝土强度等级、试件状态以及水压[11]。混凝土强度等级下设 3 个水平,分别为 C60、C70、C80;试件状态下设 3 个水平,分别为常规状态、饱和状态、密封状态;水压下设 5 个水平,分别为 0MPa、4MPa、6MPa、8MPa、10MPa。每种方案下根据试验具体情况分别采用 2～5 块立方体试件开展试验。前两次试验结果偏差不大时,即取前两次平均值作为试验结果,若两者偏差较大(或试验过程中操作不当)则增加试验次数,由于试样有限,同一批次试验次数最多不超过 5 次,试验过程中试件受力如图 4-3 所示。加载过程发现,如果一开始就将围压设定为指定试验值,且轴向荷载持续加载,则试验数据存在一定的离散性,为此尝试在加载方式上做出相应调整,即试验开始时先给试件施加 50kN 的预压力,然后以 1∶2 的比例同步施加水围压和竖向压力,水围压加载至试验指定值时保持不变,竖向继续施加荷载直至试件破坏,整个过程大概需要 20～30min,试验数据的离散性在一定程度上得到控制。

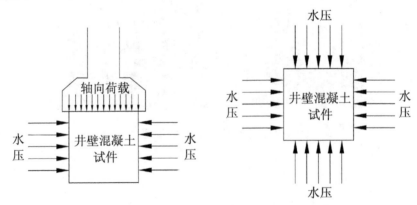

图 4-3　试验过程中井壁混凝土试件受力示意图

4.4   试验结果

试验数据由伺服压力试验机自动记录,针对操作不当所造成的数据明显异常情况进行剔除后,再参考混凝土力学性能试验方法相关标准规定的取值方法视具体情况求均值或中间值,最终得到的试验结果如表 4-1 所示。

表 4-1   不同状态井壁混凝土常规三轴加载试验结果

状态	围压 σ_3/MPa	峰值强度 σ_1/MPa		
		C60	C70	C80
常规状态	0	66.80	79.81	88.70
	4	85.70	98.47	112.48
	6	98.28	107.78	118.83
	8	110.01	117.69	129.77
	10	117.08	122.60	138.11
饱和状态	0	57.31	70.33	79.42
	4	86.80	97.28	111.17
	6	96.87	105.86	116.12
	8	101.59	112.17	124.70
	10	110.55	117.74	129.50
密封状态	0	61.29	72.36	80.48
	4	93.70	107.37	117.60
	6	104.12	115.60	131.60
	8	112.47	121.53	143.10
	10	119.10	134.63	148.52

由表 4-1 可知,井壁混凝土峰值强度随着水围压的增大不断增加,混凝土强度等级增加,水围压增强效应逐级减弱[147]。这是因为围压能够有效抑制混凝土内部微缺陷的发展,然而随着混凝土强度等级的提高,其内部微缺陷不断减少,因此,对于井壁混凝土而言水围压增强效果十分有限。此外,同一强度等级混凝土试件,密封状态水围压增强效应高于常规状态和饱和状态,分析其原因认为:密封状态混凝土试件不与高压水直接接触,水压仅起到抑制内部微缺陷发展的作用,而常规和饱和两种状态混凝土试件直接与高压水接触,水在混凝土内部发生渗流,给内部微裂纹施加劈裂力,加速微裂纹的扩张与贯通,从而使得峰值强度降低[148];此外,常规和饱和两种状态井壁混凝土相对密封状态混凝土试件而言在高压水作用下产生的渗透压力造成的损伤更大,虽然此时 Stefan 效应依然存在但已不占据主导地位。从试验结果可以发现 C60 饱和混凝土在低水围压情况下峰值强度略高于常规状态,而 C70、C80 饱和混凝土峰值强度虽然低于常规状态但两者相差不大。饱和状态混凝土试件较常规状态混凝土试件在相同水围压作用下峰值强度下降了 3.22%,常规状态混凝土试件较密封状态混凝土试件在相同水围压作用下峰值强度下降了 6.30%。其中饱和状态混凝土与常规状态混凝土试验结果与李庆斌等的试验结果存在一定出入[100],分析原因认为本次试验采用的是高强高抗渗混凝土,配制过程中添加了硅粉、粉煤灰等外加剂对其内部孔隙进行填充,从而使其密实度高,内部微裂隙、微孔隙较李庆斌所采用的普通 C20 混凝土明显少很多,内部封闭孔隙水压减小,且本次试验装置稳压效果与李庆斌等试验过程中的围压变化范围相比要大得多,施加围压过快、压力过高。常规状态混凝土与密封状态混凝土试验结果区别在于:一方面,由于高压水直接作用在混凝土试件内部,在微裂缝内形成渗流运动,施加劈裂力促进微裂缝的形成、扩展及贯通,裂缝处易产生应力集中,加速试件破坏;另一方面,根据 Imran 提出的有效围压原理可知[100]，常规状态下混凝土内部孔隙水压力发展降低了有效侧向应力，使得施加的水围压比名义水压小。此外，在试验过程中发现单轴加载状态下同一强度等级混凝土试件密封状态与常规状态相比峰值强度要低，主要与密封状态试件外表面裹有一层薄膜密封袋有关，端面效应导致实测强度降低。

众所周知，图形结构是将对象属性数据直观形象地表达出来的一种可视化手段，对知识挖掘和信息直观生动感受起关键作用。从图 4-4 可以更加清晰直观地看出上述试验数据中同强度等级、不同状态混凝土试件在特定围压作用下峰值强度增长的差异。其中，C60 常规状态混凝土试件随着水围压的增加，三轴峰值强度较单轴抗压强度分别提高了 28.3%、47.1%、64.7%、75.3%；C60 饱和状态混凝土试件随着水围压的增加，三轴峰值强度较单轴抗压强度分别提高了 51.4%、69.0%、77.3%、92.9%；C60 密封状态混凝土试件随着水围压的增加，三轴峰值强度较单轴抗压强度分别提高了 52.9%、69.9%、83.5%、94.3%。可见不同状态井壁混凝土试件在三轴加载状态下峰值强度均比单轴抗压强度高，且密封状态井壁混凝土试件的水围压增强效应最明显。对比图 4-4(a)、图 4-4(b)、图 4-4(c)可知，混凝土强度等级提高，相应状态混凝土试件随着水围压的增加，峰值强度提高系数(即水围压作用下三轴峰值强度较单轴抗压强度提高系数)逐渐减小，C60 混凝土强度提高系数大于 C70 的，C70 混凝土强度提高系数大于 C80 的。最终 C80 常规状态混凝土试件峰值强度提高系数分别为 26.8%、34.0%、46.3%、55.7%，C80 饱和状态混凝土试件峰值强度提高系数分别为 39.9%、46.2%、57.0%、63.1%，C80 密封状态混凝土试件峰值强度提高系数分别为46.1%、63.5%、77.8%、84.5%。

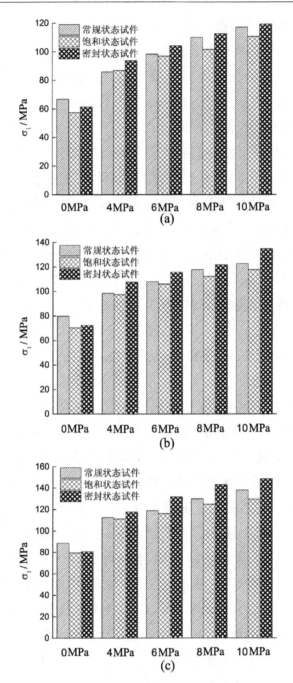

图 4-4　同强度等级井壁混凝土不同状态下峰值强度增长趋势对比图

（a）C60 井壁混凝土试件；（b）C70 井壁混凝土试件；（c）C80 井壁混凝土试件

图 4-5(a)、图 4-5(b)、图 4-5(c)分别展示了低围压(4MPa)作用下三种不同状态井壁混凝土试件破坏形态,均呈片块状脱落,且整体上与相应状态单轴即 0MPa 围压作用下的破坏形态类似,其中常规状态混凝土试件破裂面与竖向有 3°～5°倾角,饱和状态混凝土试件破裂面与竖向有 3°～8°倾角,而密封状态混凝土试件破坏面与竖向近似平行。当试件处于高围压(大于 4MPa)作用下时,三种不同状态井壁混凝土试件最终破坏形态大致相同,均呈明显的 X 状剪切破坏形态,如图 4-5(d)所示,上下两锥形平面夹角在 22°～28°之间。

图 4-5 不同状态井壁混凝土破坏形态

(a) 低围压作用下常规状态混凝土破坏形态;(b) 低围压作用下饱和状态混凝土破坏形态;
(c) 低围压作用下密封状态混凝土破坏形态;(d) 高围压作用下混凝土破坏形态

4.5 强度特征

为弄清高压水荷载直接作用下井壁混凝土真实强度发展情况,分别采用 Richart 单参数线性强度破坏准则[149]、Newman 双参数非线性强度破坏准则[150]、Bresler 三参数非线性强度破坏准则对上述试验结果进行拟合[151]。

Richart[149]提出采用混凝土单轴抗压强度 f_c、峰值强度 σ_1 以及围压 σ_3 表示的强度破坏准则，如下式所示：

$$\sigma_1 = f_c + k\sigma_3 \tag{4-1}$$

式中，k 值大小与不同强度等级混凝土材料属性有关。式(4-1)两边同时除以 f_c 进行归一化无量纲处理，得到下式：

$$\frac{\sigma_1}{f_c} = 1 + k\frac{\sigma_3}{f_c} \tag{4-2}$$

对不同强度等级、不同状态下混凝土试件常规三轴加载试验结果进行拟合，结果见表 4-2 和图 4-6。

表 4-2 Richart 单参数强度破坏准则试验数据拟合结果

试件状态	C60		C70		C80	
	k	R^2	k	R^2	k	R^2
常规状态	5.153	0.985	4.501	0.972	5.086	0.964
饱和状态	5.750	0.698	5.231	0.665	5.603	0.557
密封状态	6.362	0.712	6.553	0.711	7.577	0.747

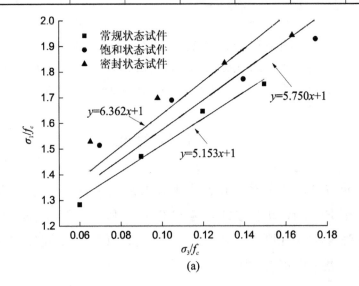

(a)

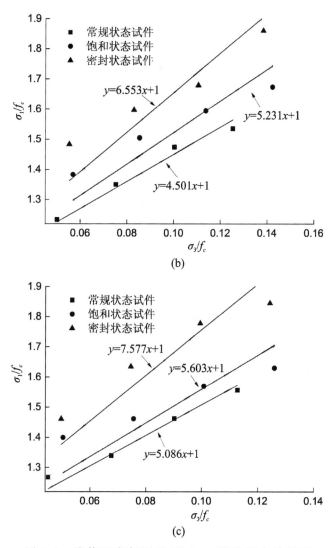

图 4-6 峰值强度与围压 Richart 线性拟合效果图

(a) C60 井壁混凝土；(b) C70 井壁混凝土；(c) C80 井壁混凝土

由拟合结果可知,不同强度等级井壁混凝土试件均表现出明显的水围压增强效应,随着水围压的增加,峰值强度显著提高。密封状态试件拟合曲线斜率最大,说明其在水围压作用下峰值强度增长速度大于常规和饱和两种状态下的试件。常规状态试件采用

Richart 线性强度破坏准则对其试验数据进行回归分析得到的相关系数明显高于密封与饱和状态试件回归得到的相关系数,这可能与试验数据本身有关;整体来看与中低强度等级混凝土相比,线性拟合效果较为不理想,在饱和井壁混凝土试件拟合结果方面体现得尤为突出,说明 Richart 线性强度破坏准则对高强井壁混凝土适用效果不佳,由此认为在水围压作用下井壁混凝土峰值强度增长可能呈非线性关系,进而采用非线性强度准则进行拟合分析。

Newman[150]认为围压 σ_3 与峰值强度 σ_1 呈非线性关系,并给出了带有两个参数的非线性表达式,如下所示:

$$\sqrt{a_1\left(\frac{\sigma_3}{f_c}\right)^2 + b_1\frac{\sigma_3}{f_c} + 1} - \frac{\sigma_1}{f_c} = 0 \qquad (4\text{-}3)$$

上式中 a_1、b_1 为经验参数。

对 Newman 提出的双参数非线性表达式进行拟合,结果见表4-3 和图 4-7。

表 4-3　Newman 双参数强度破坏准则试验数据拟合结果

试件状态	C60			C70			C80		
	a_1	b_1	R^2	a_1	b_1	R^2	a_1	b_1	R^2
常规状态	23.398	10.698	0.984	0.469	11.045	0.985	1.658	12.398	0.988
饱和状态	−27.514	20.079	0.979	−38.496	18.094	0.999	−59.562	20.552	0.961
密封状态	−35.012	22.719	1	−29.596	21.250	0.941	−55.644	26.576	0.991

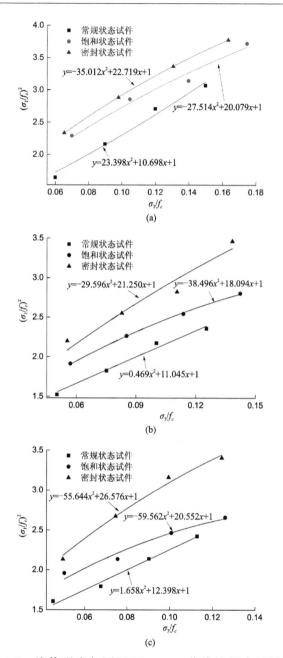

图 4-7 峰值强度与围压 Newman 非线性拟合效果图

(a) C60 井壁混凝土；(b) C70 井壁混凝土；(c) C80 井壁混凝土

Bresler[151]提出结合八面体应力理论建立的以 σ_{oct} 和 τ_{oct} 表示

的圆形偏截面三参数强度破坏准则,如下所示:

$$\frac{\tau_{\text{oct}}}{f_c} = a_2 \left(\frac{\sigma_{\text{oct}}}{f_c}\right)^2 + b_2 \left(\frac{\sigma_{\text{oct}}}{f_c}\right) + c \tag{4-4}$$

上式中 a_2、b_2、c 为经验参数。

采用式(4-4)进行拟合,结果见表 4-4 和图 4-8。

表 4-4　Bresler 三参数强度破坏准则试验数据拟合结果

强度等级	试件状态	a_2	b_2	c	R^2
C60	常规状态	1.084	−0.422	0.546	0.981
	饱和状态	0.787	−0.641	0.567	0.984
	密封状态	−0.510	1.157	−0.024	1
C70	常规状态	0.476	0.226	0.367	0.988
	饱和状态	−0.114	0.757	0.279	0.995
	密封状态	1.054	−0.556	0.673	0.997
C80	常规状态	0.524	0.205	0.375	0.997
	饱和状态	−0.066	0.673	0.314	0.991
	密封状态	−1.431	2.577	−0.288	0.999

由 Newman 和 Bresler 分别提出的两种不同形式非线性强度破坏准则拟合结果来看,可以确定高水压作用下井壁混凝土峰值强度具有明显的非线性发展特征。再由相关系数 R^2 值大小来看,Bresler 三参数强度破坏准则更适用于描述井壁混凝土在高压水作用下峰值强度的非线性发展趋势,间接说明针对高地下水压作用

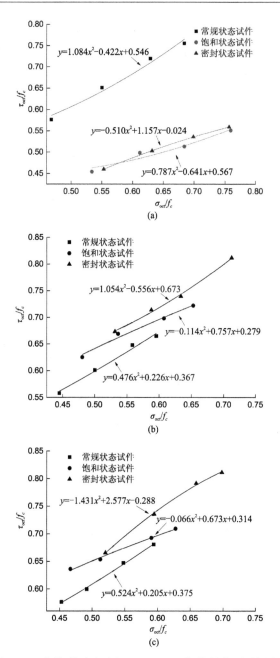

图 4-8 峰值强度与围压 Bresler 非线性拟合效果图

(a) C60 井壁混凝土;(b) C70 井壁混凝土;(c) C80 井壁混凝土

下的井壁混凝土采用八面体应力强度理论进行分析切实可行,吻合度高。因此,今后井壁混凝土进行多轴强度验算时可采用 Bresler 三参数强度破坏准则,其拟合系数最高可达到1,精度极高。同时发现,当其他条件相同,仅试件加载过程中加载液是否与试件直接接触存在差异时,试验结果明显不同。加载液不与试件直接接触(即密封状态试件),试验结果偏大,若以此进行多轴强度验算,则与井壁混凝土实际状况不符,不利于井壁结构安全设计。

此外在上述一元回归分析的基础上,对试验数据进行多元回归,进一步掌握高压水作用下井壁混凝土单轴抗压强度 f_c、水围压 σ_3 以及峰值强度 σ_1 之间的内在关系。

其中,常规状态混凝土多元回归表达式为:

$$\sigma_1 = 0.982f_c + 4.600\sigma_3 + 3.838 \qquad (R^2 = 0.965) \qquad (4\text{-}5)$$

饱和状态混凝土多元回归表达式为:

$$\sigma_1 = 0.951f_c + 3.454\sigma_3 + 19.362 \qquad (R^2 = 0.974) \qquad (4\text{-}6)$$

密封状态混凝土多元回归表达式为:

$$\sigma_1 = 1.432f_c + 4.609\sigma_3 - 13.723 \qquad (R^2 = 0.972) \qquad (4\text{-}7)$$

由式(4-5)至式(4-7)可以看出:水围压相对于混凝土自身单轴抗压强度而言,对其三轴峰值强度的发展贡献更大;此外,混凝土自身单轴抗压强度对其不同状态下三轴峰值强度影响程度为:密封状态最强、常规状态其次、饱和状态最弱。主要影响因素在于加载过程中水压能否在混凝土内部形成渗流场,产生劈裂作用,以及与 Stefan 效应相比其影响程度的强弱。

4.6 变形特性

为掌握高压水作用下井壁混凝土变形特征,采用试件破坏时峰值应变进行分析,值得注意的是此处采用的是广义峰值轴向应变[152],即由试验机自动记录位移与试件高度之比得到,且扣除曲线前期缓慢平稳非直线上升段所产生的初始应变,最终处理得到的应变值与试件真实应变值相比要大。笔者认为在同一试验条件下,采用同一指标对分析井壁混凝土在高压水作用下峰值应变的变化趋势不造成影响。不同状态下不同强度等级井壁混凝土在高水压常规三轴加载过程中峰值应变如表4-5所示。

表 4-5 不同状态井壁混凝土常规三轴加载广义峰值应变

试件状态	围压 σ_3/MPa	峰值应变$\varepsilon \times 10^{-2}$		
		C60	C70	C80
常规状态	0	1.95	2.06	2.02
	4	2.27	2.15	2.25
	6	3.05	2.97	3.03
	8	3.42	3.35	3.28
	10	4.06	3.91	3.84
饱和状态	0	1.97	1.99	2.01
	4	2.31	2.27	2.24
	6	2.91	2.89	2.73
	8	3.18	3.24	3.19
	10	3.86	3.76	3.69
密封状态	0	1.98	1.96	2.03
	4	2.82	2.86	2.91
	6	3.74	3.66	3.58
	8	4.05	3.93	3.98
	10	4.28	4.31	4.26

由表4-5可知,随着水围压逐级增加,不同状态下不同强度等级井壁混凝土试件广义峰值应变与峰值强度一样均有较大幅度的

提高,表现出明显的水围压增强效应。同时为掌握井壁混凝土试件在高水压直接作用下的变形特性,根据 Ansari[153] 试验结果,不同强度等级混凝土峰值应变与围压呈线性关系,故以此为依据采用下式对试验结果进行拟合分析:

$$\frac{\varepsilon_1}{\varepsilon_c} = \alpha \frac{\sigma_3}{f_c} + 1 \qquad (4\text{-}8)$$

式中　ε_1——三轴广义峰值轴向应变;

　　　ε_c——单轴峰值应变;

　　　α——经验参数。

采用式(4-8)对高压水直接作用下井壁混凝土试验数据进行拟合分析,结果见表 4-6 和图 4-9。

表 4-6　Ansari 线性拟合结果

试件状态	C60		C70		C80	
	α	R^2	α	R^2	α	R^2
常规状态	6.461	0.856	6.213	0.776	7.168	0.834
饱和状态	4.792	0.859	5.599	0.862	5.759	0.829
密封状态	7.664	0.889	9.069	0.939	9.309	0.915

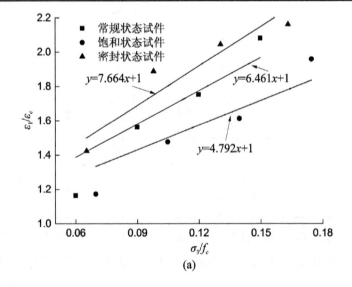

(a)

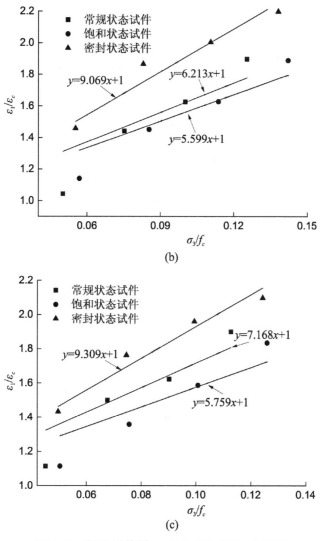

图 4-9 广义峰值轴向应变线性拟合效果图

(a) C60 井壁混凝土；(b) C70 井壁混凝土；(c) C80 井壁混凝土

由上述拟合结果可知,广义峰值轴向应变线性拟合相关系数 R^2 均在 0.776 以上,表明拟合效果较佳,进而说明高强井壁混凝土在高水压常规三轴加载状态下广义峰值轴向应变具有明显的线性特征,即随着水围压的增大,广义峰值轴向应变呈线性增加趋势,同时水围压作用下井壁混凝土变形能力获得增强,延性获得提升。又由于静水压力对井壁混凝土的强度和变形发展具有一定影响,故对试验数据进行处理,绘制出三种不同状态下井壁混凝土试件广义峰值轴向应变与静水压力之间的关系曲线,如图 4-10 所示。

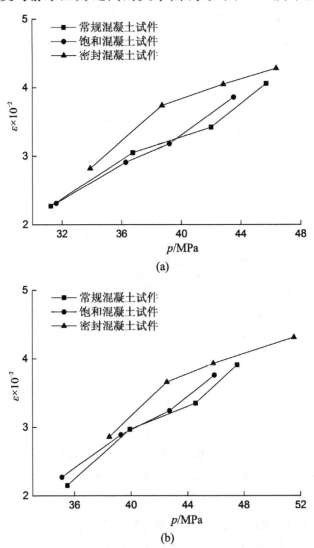

(a)

(b)

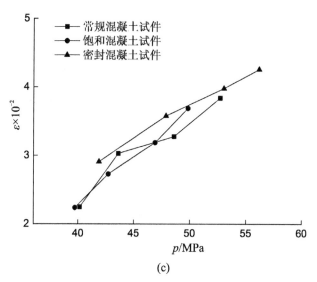

(c)

图 4-10 广义峰值轴向应变与静水压力之间的关系曲线

(a) C60 井壁混凝土试件；(b) C70 井壁混凝土试件；(c) C80 井壁混凝土试件

观察图 4-10 可知：随着静水压力的增加，不同强度等级、不同状态井壁混凝土试件广义峰值轴向应变均呈增大趋势，且密封混凝土试件广义峰值轴向应变增大幅度较大。当静水压力相对较低时，饱和混凝土试件与常规混凝土试件两者的广义峰值轴向应变相差不大；随着静水压力的增大，两者差别愈显突出。

4.7 本章小结

（1）三种不同状态井壁混凝土在水围压作用下峰值强度均得到明显增强，其强度发展呈明显的非线性增长趋势，Bresler 提出的结合八面体应力理论建立的圆形偏截面三参数强度破坏准则最适用于描述井壁混凝土在水围压作用下的强度特征。

（2）三种不同状态井壁混凝土在水围压作用下广义峰值轴向应变均得到明显增加，其发展呈明显的线性增长趋势，其中密封状态混凝土峰值应变明显高于同等条件下的常规和饱和两种状态混凝土的。

（3）不同状态井壁混凝土在同等条件水围压作用下峰值强度大小不同，主要影响因素在于压力水是否与试件直接接触，能否在试件内部发生渗流运动形成劈裂力，以及试样内部孔隙水压力大小。

5 高压水荷载直接作用下井壁结构相似 模型试验

　　目前开展的井壁模型试验所施加的外荷载均通过液囊挤压或液压油提供外力作用[18-23]，当采用液压油加载时模型试件外表面涂抹一层环氧树脂并用纱布包裹，使其处于密封状态，不与加载液直接接触。显而易见，上述两种外荷载施加方式均未考虑到流体在井壁内渗流时对混凝土强度造成的耦合损伤影响。目前针对混凝土强度准则的研究较多，具有代表性的主要有三参数强度准则、四参数强度准则以及五参数强度准则[154-157]，但是上述强度准则的建立均基于不同的试验背景，相互之间存在差异，且均没有考虑到混凝土在高压水荷载直接作用下的强度变化产生的影响。如果将上述强度准则直接用于高水压荷载作用下的井壁混凝土强度验算，误差范围势必较大且各准则之间计算结果的差异性愈加明显[158]，因而很难确定出适用于高水压作用下的井壁混凝土强度计算的具体准则。同时由于井壁混凝土通常不是单独工作的，而是与钢筋或钢板共同承受着外力作用，已有研究表明两者具有较好的协调性[20]，因而井壁中的混凝土延性和峰值强度能够得到极大改善[159]，而上述强度准则均基于混凝土单独承受外荷载作用，故必须重新建立高压水荷载直接作用下井壁混凝土在真实工作环境中的强度准则。相似模型试验的提出给解决该类问题提供了有效途径，通过设计模型试验尽可能地模拟出井壁混凝土在深厚含水层段的真实受力变形情况，使得在试验过程中井壁混凝土的力学特性变化接近于实际工况，因而得到的试验结果真实有效，同时结合强度理论进行推导即可得到高压水荷载直接作用下井壁混凝土强度准则。

5.1　相似模型试验简介

长期以来,相似模型试验一直是解决复杂工程课题的重要手段,在地下结构工程及其他岩土工程研究中均得到广泛应用[160]。根据相似理论设计模型试验,严格要求模型与原型相似,原型的真实面貌可以通过模型再现,对模型应力、应变以及位移进行测量来认识原型所发生的力学变形特征[161]。模型试验的特点主要体现在:①灵活性强,方便进行多因素综合性试验研究;②直观性强,通过模型试验即可观察到复杂条件下原型的受力变形情况;③效率高,可以使原型经过数年才发生的现象通过模拟试验的手段在短时间内获得[162]。模型和原型的相似度决定了试验的精度与可靠度,为此两者之间必须以下列条件作为前提:①边界条件相似;②物理量相似;③几何相似。

5.2　煤矿井壁结构模型设计

随着高强高性能混凝土的成功研制,我国绝大多数矿井普遍开始采用钢筋混凝土井壁结构形式以抵御强大的外荷载作用[163]。正是由于其在实际工程应用中的广泛性与可行性,本次模型试验决定以钢筋混凝土井壁结构形式为原型来设计模型井壁规格尺寸。

根据相似模型理论,井壁结构模型设计时应满足下列相似指标[164]:

(1)几何相似

$$C_l = \frac{l_p}{l_m} \tag{5-1}$$

式中　　C_l——几何相似常数;

　　　　l_p——原型实际尺寸;

l_m——模型尺寸。

（2）弹性模量及泊松比相似

$$C_E = \frac{E_p}{E_m}, C_\nu = \frac{\nu_p}{\nu_m} \qquad (5-2)$$

式中　C_E——弹性模量相似常数；

　　　E_p——原型弹性模量；

　　　E_m——模型弹性模量；

　　　C_ν——泊松比相似常数；

　　　ν_p——原型泊松比；

　　　ν_m——模型泊松比。

（3）井壁材料密度相似

$$C_\rho = \frac{\rho_p}{\rho_m} \qquad (5-3)$$

式中　C_ρ——井壁材料密度相似常数；

　　　ρ_p——原型井壁材料密度；

　　　ρ_m——模型井壁材料密度。

（4）边界面力（荷载）相似

$$C_p = \frac{F_p}{F_m} \qquad (5-4)$$

式中　C_p——荷载相似常数；

　　　F_p——原型边界荷载；

　　　F_m——模型边界荷载。

（5）位移相似

$$C_u = \frac{(u_r)_p}{(u_r)_m} = \frac{(u_z)_p}{(u_z)_m} \qquad (5-5)$$

式中　C_u——位移相似常数；

　　　$(u_r)_p$——原型径向位移；

　　　$(u_r)_m$——模型径向位移；

　　　$(u_z)_p$——原型轴向位移；

$(u_z)_m$ ——模型轴向位移。

（6）应力相似

$$C_\sigma = \frac{(\sigma_r)_p}{(\sigma_r)_m} = \frac{(\sigma_\theta)_p}{(\sigma_\theta)_m} = \frac{(\sigma_z)_p}{(\sigma_z)_m} \qquad (5-6)$$

式中　C_σ ——应力相似常数；

$(\sigma_r)_p$ ——原型径向应力；

$(\sigma_r)_m$ ——模型径向应力；

$(\sigma_\theta)_p$ ——原型环向应力；

$(\sigma_\theta)_m$ ——模型环向应力；

$(\sigma_z)_p$ ——原型轴向应力；

$(\sigma_z)_m$ ——模型轴向应力。

（7）应变相似

$$C_\varepsilon = \frac{(\varepsilon_r)_p}{(\varepsilon_r)_m} = \frac{(\varepsilon_\theta)_p}{(\varepsilon_\theta)_m} = \frac{(\varepsilon_z)_p}{(\varepsilon_z)_m} \qquad (5-7)$$

式中　C_ε ——应变相似常数；

$(\varepsilon_r)_p$ ——原型径向应变；

$(\varepsilon_r)_m$ ——模型径向应变；

$(\varepsilon_\theta)_p$ ——原型环向应变；

$(\varepsilon_\theta)_m$ ——模型环向应变；

$(\varepsilon_z)_p$ ——原型轴向应变；

$(\varepsilon_z)_m$ ——模型轴向应变。

由上述分析可知，若想得到满意的试验结果，设计的模型井壁不仅要满足应力与变形相似条件，还要满足强度相似条件。根据相似理论与弹性力学基本原理[119,158]，采用方程分析法，推导得到井壁静力模型相似指标，如下所示：

由边界方程得到下列关系式：

$$\frac{C_p}{C_\sigma} = 1 \qquad (5-8)$$

由物理方程得到下列关系式：

$$\frac{C_E C_\varepsilon}{C_\sigma} = 1, C_\nu = 1 \qquad (5\text{-}9)$$

由几何方程得到下列关系式：

$$\frac{C_l C_\varepsilon}{C_u} = 1 \qquad (5\text{-}10)$$

钢筋混凝土井壁为两种材料构成的复合结构，应使模型与原型各组成部分应力变形严格相似，且加载变形前后井壁模型与原型始终保持几何相似，故有 $C_l = C_u$，即 $C_\varepsilon = 1$，因此，上述应力变形相似条件可写为：

$$\frac{C_l}{C_u} = 1, \frac{C_p}{C_\sigma} = 1, \frac{C_E C_\varepsilon}{C_\sigma} = 1, C_\varepsilon = 1, C_\nu = 1 \qquad (5\text{-}11)$$

若想井壁模型破坏时极限荷载和形态与原型完全相似，则要满足上述弹性状态下应力-应变相似条件，还要满足下列强度相似条件[165]：

(1)钢筋与混凝土作为筑壁材料，应确保其在模型和原型加载全过程中应力-应变曲线相似；

(2)钢筋与混凝土作为筑壁材料，应确保其在模型和原型加载全过程中强度相似；

(3)钢筋与混凝土作为筑壁材料，应确保其在模型和原型加载破坏时强度准则相似。

5.2.1 高水压下井壁结构侧向承载力模型试验

要完全满足上述相似条件，模型材料最好选用原型井壁结构浇筑材料。结合现有实验室加载装置，采用直径为 4mm 的冷轧钢筋作为配筋，模型浇筑时由于加载装置尺寸限制及厚径比应用范围要求使其壁厚较薄，且内套有钢筋网，若继续使用第 2 章表 2-9 配合比浇筑模型，则可能由于粗骨料粒径较大，模型井壁浇筑振动时无法保证其密实性，从而扩大高水压作用下渗流对其强度的影响且不能保证水压在加载全过程中能够稳步上升增压，故本次井壁混凝土配合比设计最终决定采用粒径为5～10mm的玄武岩作为粗骨料，其他原材料各项性能参数与第2章表2-9中相同，井壁模型配合比如表5-1所示。采用优质粗细骨料、优质矿物掺合料（超细矿渣、硅粉、Ⅰ级粉煤灰）、高效复合外加剂，并且还通过提高胶凝材料用量、增大砂率和进一步降低水胶比等技术路线，达到高密实度、高抗渗性的目的。模型浇筑前需对粗细骨料进行冲洗晾干，将其含泥量缩小到最低，通过对比分析表2-9与表5-1可预知本次配制的模型井壁混凝土抗渗性能要更优于表2-9的。

表 5-1　井壁模型混凝土配合比

强度等级	水泥/kg	外加剂/kg	砂/kg	石子/kg	水/kg	砂率/%	外加剂种类及掺量
C60	440	140	634.82	1128.58	156.6	36	NF-F (31.8%)
C70	450	150	626.76	1114.24	159.0	36	NF-F (33.3%)
C80	470	160	615.37	1093.98	160.65	36	NF-F (34.1%)

采用原型井壁结构材料浇筑模型井壁，有：

$$C_\sigma = C_E = C_p = C_R, C_\varepsilon = 1, C_\xi = 1 \tag{5-12}$$

式中　C_R——强度相似常数；

　　　C_ξ——配筋率相似常数。

由式(5-12)可知，仅需保证作用在模型上的外荷载与原型一致，则通过模型测得的应力及其结构承载能力与原型也是相同的，再将模型上测得的位移放大C_l倍即可得到原型位移量。此种情况下，只需进一步给出适当的几何相似常数即可进行模型设计。

考虑到本次研究成果不应局限于具体某个煤矿井筒，而应该具有广泛的适用性,本次模型试验在几何相似常数选取方面着重考虑井壁壁厚与内半径两者之间的比例应用范围,同时定义厚径比为$\lambda = t/R_i$,其中t为壁厚,R_i为内半径,取厚径比相似常数$C_\lambda = 1$[20]。根据我国目前绝大多数矿区现役矿井井壁结构设计参数,分别取厚、中、薄三种不同类型煤矿井筒作为本次相似模型的原对象,同时结合实验室现有的高压井壁模型加载装置规格尺寸,给出模型井壁几何设计参数。最终确定井壁模型试件外直径 180mm,高 196mm。需要强调的是井壁模型试件在浇筑成型时一定要特别用心,每次往模具内均匀填一层料,然后用细钢筋捣实,捣实过程中在贴片处应十分小心以避免应变片受损失效,再开启振动台点振几次,重复上述操作每填一层料先捣实再点振,一直到模型浇筑完成,该过程通常需要半小时以上,从而有效避免了由浇筑不当造成的井壁混凝土蜂窝麻面现象,最终浇筑并加工好的井壁模型试件如图5-1 所示。

图 5-1　模型试件

试验准备阶段根据正交试验设计原则,拟将混凝土强度等级、厚径比、配筋率作为对井壁极限承载力影响的主要因素。同时在上述影响因素下根据实际研究需要,混凝土强度等级下设三个影响水平,分别为 C60、C70、C80;厚径比下设三个影响水平,分别为0.282、0.314、0.347;配筋率下设三个影响水平,分别为0.4%、0.5%、0.6%,共计 9 组试验。井壁模型具体设计参数如表5-2 所示。

表 5-2　井壁模型设计参数

模型编号	混凝土强度等级	内直径/mm	壁厚/mm	厚径比	配筋率
P-1	C60	140.4	19.8	0.282	0.4%
P-2	C60	137.0	21.5	0.314	0.5%
P-3	C60	133.6	23.2	0.347	0.6%
P-4	C70	140.4	19.8	0.282	0.5%
P-5	C70	137.0	21.5	0.314	0.6%
P-6	C70	133.6	23.2	0.347	0.4%
P-7	C80	140.4	19.8	0.282	0.6%
P-8	C80	137.0	21.5	0.314	0.4%
P-9	C80	133.6	23.2	0.347	0.5%

　　本次试验用于模拟深厚含水层段井壁混凝土在高压水荷载直接作用下所导致的变形破坏情况,并根据试验结果建立相应条件下井壁混凝土强度准则及承载力经验计算公式。首先,在实验室内重新加工特制的模具用于浇筑模型井壁,按照相应配合比浇筑成型,养护一段时间后送车间对其上下端面进行精加工以获得较高的光滑度。试验准备阶段,在模型试件同一水平内外表面及钢筋网上按照常规贴片工艺各粘贴应变片若干,并在井壁混凝土内外表面应变片上分三次各均匀涂抹一层 704 硅橡胶防止应变片遇水不工作,同时在加载装置下端面设置两道橡胶圈密封、上端面设置四道橡胶密封圈,用以确保模型能够在径向自由滑动并达到封水作用[166]。采用安徽理工大学地下结构研究所专门研制的高压真三轴井壁加载装置进行加载,高压水泵施加水压模拟地下水作用,竖向采用长柱式 YAW-3000 电液伺服压力试验机施加荷载,按照事先既定方案逐级施加围压和竖向荷载,此过程中还应通过应变仪实时监测粘贴在井壁内外表面竖向应变片的应变值,以此作为判断依据实时调整竖

向压力,以确保模型在加载过程中始终处于平面应变状态。整个试验过程由实验室专业试验人员操作,试验开始阶段事先预加载15kN,使试件与上下端面紧密接触;随后分级稳压加载,即每10s加载0.5MPa围压,同时对竖向荷载进行微调以确保井壁竖向变形接近零,随后稳压5s左右继续加载,当井壁接近破坏时,提高加载速度直至井壁破裂。加载过程中,以0.5MPa为一级记录每级荷载作用下钢筋混凝土应变值,模型破坏时水平压力 P_x 由精密压力表获得,竖向荷载 P_z 由压力试验机自动记录,整个加载过程需要45min左右,如图5-2所示。其中由于井壁模型浇筑质量较差或操作不当使得竖压施加速度过快、压力过大等其他原因,导致水压无法持续上升,取出试件后发现此时井壁内表面已有渗水痕迹,则该试件报废,重新按相同混凝土强度等级及试件尺寸浇筑模型,本次试验共12组,其中3组试验中途出现问题而报废重做,一方面在重新浇筑时需格外注意确保其密实度以保证浇筑质量,另一方面试验加载过程中应严格按照既定加载方案实施。此外,少数井壁模型试件外表面局部在贴应变片用环氧树脂打底时也一并进行了涂抹,可视为简单的密封处理,但由于该区域相对于整个模型试件外表面而言很小,故认为试验时模型试件是处于高压水直接作用下的。

图 5-2   高压水直接作用下井壁模型试验

5.2.2 高水压下井壁结构竖向承载力模型试验

根据煤矿井筒实际尺寸以及试验加载台座尺寸,确定几何相似常数 $C_l = 47$ 进行等比例缩放,则由上述分析可知位移相似常数 $C_\delta = 47$,其他相似常数均为 1。此时,模型测得的钢筋混凝土应力、应变值及破坏荷载与原型是一致的。井壁模型设计参数如表 5-3 所示。模型试件外径 350mm,高 358mm。

表 5-3 井壁模型设计参数

模型编号	内直径/mm	壁厚/mm	厚径比	配筋率
L-1	277.4	36.3	0.262	0.31%
L-2	281.6	34.2	0.243	0.27%
L-3	287.4	31.3	0.218	0.24%
L-4	289.0	30.5	0.211	0.20%

为了更好地掌握地下水渗流-应力耦合作用对井壁混凝土力学性能的影响,在试验过程中特增设对照试验。即针对相同设计尺寸的井壁模型,同一批次连续浇筑两个试件,分别进行密封和未密封处理。密封处理即加载前在试件外表面四周均匀涂抹一层环氧树脂并用纱布包裹,试验时围压水不与试件直接接触,如图 5-3 左侧所示模型试件;未密封处理即试件外表面不涂抹环氧树脂,试验时围压水与试件直接接触,如图 5-3 右侧所示模型试件。由于同组中两个模型试件是同一批次浇筑的,混凝土强度相差很小,唯一区别仅在于试验过程中井壁混凝土有没有与围压水直接接触,是否构成渗流-应力耦合损伤影响。

本次开展围压水作用下存在和不存在水力耦合影响两种情况下井壁竖向承载特性模型试验研究。首先,在实验室内重新加工特制的模具用于浇筑模型井壁,前三组试验按照第 2 章设计出的高强高抗渗井壁混凝土配合比浇筑成型,最后一组采用普通混凝土配合

图 5-3 密封与未密封模型试件

比浇筑成型。试件养护一定时间后联系车间对其上下端面进行精加工以获得较高的光滑度。试验准备阶段,在模型试件同一水平内外表面及钢筋网内外排按照常规贴片工艺各粘贴应变片,并在井壁混凝土内外表面应变片上分三次各均匀涂抹一层 704 硅橡胶,防止应变片遇水失效,同时在加载装置下端面设置两道橡胶圈密封、上端面设置四道橡胶密封圈,用以确保模型能够在径向自由滑动并达到封水作用。当模型试件完全放入加载装置内后,在加载装置内腔每隔 120°摆设一个位移引伸计用于测量加载变形过程中试件径向位移,试验时采用实验室专门研制的高压三轴井壁加载装置进行加载,由高压水泵施加水围压模拟地下水作用,竖向采用长柱式 YAW-3000 电液伺服压力试验机进行加载。试验开始阶段,事先预加载 50kN 的竖向荷载,使试件与上下端面紧密接触;然后一次性施加侧向水压力至 4.0MPa 并在后续加载过程中始终保持不变;随后竖向分级稳压加载直至井壁发生破裂。加载过程中,以竖向压力每 100kN 作为一级,记录每级荷载作用下钢筋和混凝土应变值,模型破坏时水平压力值 P_x 由精密压力表获得,竖向荷载 F_s 由压力试验机自动记录,整个试验过程由实验室专业试验人员操作,加载过程如图 5-4 所示。

图 5-4　井壁模型竖向极限承载特性试验

5.3　试验结果与分析

5.3.1　井壁结构侧向承载力试验结果分析

5.3.1.1　试件破坏特征与机理

试验加载初期事先根据不同的井壁模型尺寸设计好有针对性的具体加载方案,加载过程中根据粘贴在模型井壁上的竖向应变值进行适时调整,并通过数据采集系统监测记录每级荷载下钢筋、混凝土竖向应变值,最终绘制成如图 5-5 所示的内钢筋、内缘混凝土竖向微应变-水平荷载 P_x 曲线图。其中,P-8 模型试件在屈服前阶段钢筋和内缘混凝土竖向应变值最大不超过 -1.95×10^{-4},均值保持在 -9.35×10^{-5},临近破坏时竖向应变稍微有所增大,可能与最终阶段加载速度过快有关。根据北京科技大学周晓敏教授在文献[26]中的介绍可知:建立完全满足平面应变特征的模型试验平台是绝对不可能的,只能退而求其次建立准平面应变的力学模型试验平台,故针对本次模型试验总体而言整个加载破坏过程可近似地认为井壁模型处于平面应变状态,比较符合预期试验要求。

为了确切地了解加载过程中井壁内外缘混凝土应力-应变发展

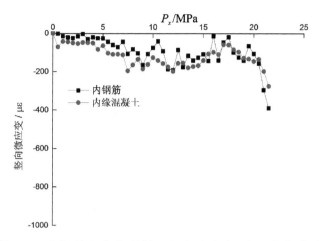

图 5-5　内钢筋和内缘混凝土竖向微应变-水平荷载曲线

情况,明确其各阶段受力状态以便进行后续应力计算,首先对监测得到的各级荷载作用下井壁混凝土应变值进行简单的数据处理,即剔除异常值后对各监测方向得到的数据求均值,最终绘制出水平荷载 P_x 与井壁内外缘混凝土环向应变的关系曲线,如图 5-6 所示。

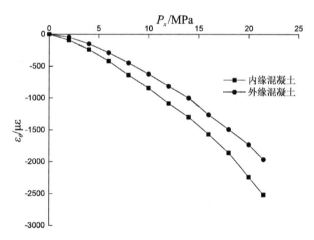

图 5-6　P-8 模型水平荷载 P_x 与环向应变 ε_θ 关系曲线

由图 5-6 可以看出:整个试验加载过程大致可以分为两个阶段,前一个阶段水平荷载与环向应变近似呈线性关系,可视为模型井壁处于弹性阶段,该阶段井壁混凝土截面应力可通过广义胡克定律求得[119];后一个阶段水平荷载与环向应变呈非线性关系,曲线的转折点视为屈服点,模型井壁进入塑性阶段后继续加载,最终破坏,该阶段可采用 Mises 塑性准则以及单一曲线假定,通过计算机逐次逼近法求得塑性变形模量和泊松比,最终求得井壁混凝土截面应力[167-170]。对上述两阶段应力分别进行计算后,绘制出井壁内外缘混凝土水平荷载与环向应力关系曲线,如图 5-7 所示。

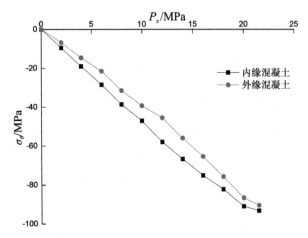

图 5-7　P-8 模型水平荷载 P_x 与环向应力 σ_θ 关系曲线

图 5-7 的井壁模型在整个受力加载过程中的应力状态与图 5-6 的分析结果相吻合,即可分为弹性受力状态和塑性受力状态,这与目前实验室所做的各类井壁结构模型在各种受力状态下的破坏性试验结果基本一致[20-23]。处于弹性阶段的井壁模型,其内外缘混凝土环向应力分布大体表现为内侧大、外侧小的特点,符合厚壁圆筒计算结果;处于塑性阶段的井壁模型,当其从弹性阶段过渡后外缘混凝土环向应力快速增加,临近破坏时内外缘混凝土应力分布较均匀。由图 5-7 可知井壁破坏时环向应力远大于同组井壁混凝土浇筑时留置的混凝土试件单轴抗压强度,这是因为加载过程中井壁处于三轴受力状态,破坏应力得到大幅提高,符合混凝土强度理论。

井壁模型最终破坏形态如图 5-8 所示,主裂纹方向与轴向大致呈 50°夹角,以此可以判断出井壁模型在高压水荷载直接作用下破坏形态属于压剪破坏。井壁破坏时通常会突然发出一声"砰"的巨响,当把模型井壁从加载装置取出后发现通常浇筑面最上端位置易被高压水击穿,内钢筋被打歪,井壁表面有残留孔洞。分析其原因认为模型井壁是分层浇筑而成的,每层浇筑过程中都经振动台振捣多次,而当模型浇筑至上端面时振捣效果不及先前,从而造成模型井壁上端面浇筑质量相对较差。根据井壁模型破坏形态推断,井壁在承受高压水荷载直接作用时,内缘混凝土率先达到极限应力状态发生屈服,并且在极短的时间内破坏应力由内侧向外侧迅速转移,在相对薄弱处即发生压剪破坏,形成连通内外侧的破坏断面。

图 5-8   P-8 模型井壁最终破坏形态

5.3.1.2   强度准则

运用极限平衡理论对水平方向上极限环向应力进行分析,则其值可由下式求得[170]:

$$\sigma_\theta = -\frac{P_x \cdot b}{b - a} \tag{5-13}$$

式中 a——井壁模型设计内半径;

b——井壁模型设计外半径。

由井壁加载模式可知,井壁内极限竖向应力可由下式计算求得[170]：

$$\sigma_z = -\frac{P_z - P_x \cdot \pi \cdot (R^2 - b^2)}{\pi \cdot (b^2 - a^2)} \tag{5-14}$$

式中　P_z——竖向荷载；

　　　R——加载装置压力罐内腔半径。

由上述井壁破裂机理可知，应以外缘混凝土发生破裂时极限状态作为井壁破坏指标；此时混凝土井壁外截面主应力存在如下关系式：

$$\left.\begin{aligned} \sigma_1 &= \sigma_r = -P_x \\ \sigma_2 &= \sigma_z \\ \sigma_3 &= \sigma_\theta \end{aligned}\right\} \tag{5-15}$$

由第 4 章可知，在高压水荷载直接作用下混凝土强度发展趋势由 Bresler 八面体应力理论表示的圆形偏截面三参数准则来阐释更为精确。因此本章用八面体应力空间强度理论来建立高水压直接作用下井壁混凝土强度准则，有：

$$\left.\begin{aligned} \sigma_{oct} &= \frac{1}{3}(\sigma_1 + \sigma_2 + \sigma_3) \\ \tau_{oct} &= \frac{1}{3}\sqrt{(\sigma_1 - \sigma_2)^2 + (\sigma_2 - \sigma_3)^2 + (\sigma_1 - \sigma_3)^2} \\ \theta &= \arccos\frac{2\sigma_1 - \sigma_2 - \sigma_3}{3\sqrt{2} \cdot \tau_{oct}} \end{aligned}\right\} \tag{5-16}$$

式中　σ_{oct}——八面体应力空间正应力；

　　　τ_{oct}——八面体应力空间剪应力；

　　　θ——罗德角。

计算结果如表 5-4 所示，规定 f_{cu} 为同组井壁模型浇筑时留置的混凝土立方体试件单轴抗压强度，f_c 为同组井壁模型浇筑时留置的混凝土立方体试件分别按照式（2-3）及《混凝土结构设计规范》（GB 50010—2010）换算后得到的轴心抗压强度[9]。

表 5-4 井壁模型试验结果和理论计算值

模型编号	f_{cu} /MPa	f_c /MPa	P_z /kN	P_x /MPa	σ_1 /MPa	σ_2 /MPa	σ_3 /MPa	$\dfrac{\sigma_{oct}}{f_c}$	$\dfrac{\tau_{oct}}{f_c}$	θ /°
P-1	63.69	49.68	388.6	15.0	−15.0	−30.01	−70.31	−0.77	0.47	44.79
P-2	63.24	49.33	443.5	16.9	−16.9	−32.00	−73.48	−0.83	0.48	45.06
P-3	60.50	47.19	514.8	18.5	−18.5	−35.38	−77.44	−0.93	0.53	43.85
P-4	75.88	61.46	487.1	18.7	−18.7	−37.68	−87.66	−0.78	0.47	44.55
P-5	77.53	62.80	574.5	20.3	−20.3	−42.34	−88.26	−0.80	0.45	41.46
P-6	72.84	58.27	623.7	22.5	−22.5	−42.82	−94.19	−0.91	0.52	44.04
P-7	80.98	66.40	515.2	19.5	−19.5	−40.02	−91.41	−0.76	0.46	43.92
P-8	85.76	71.18	630.4	21.6	−21.6	−46.84	−93.91	−0.76	0.42	39.89
P-9	81.24	66.62	677.9	23.1	−23.1	−47.25	−96.70	−0.84	0.46	41.22

对 σ_{oct}/f_c 和 τ_{oct}/f_c 进行拟合回归,即可得到高压水荷载直接作用下井壁混凝土强度准则,如下所示:

$$\frac{\tau_{oct}}{f_c} + 0.4506\frac{\sigma_{oct}}{f_c} - 0.1038 = 0 \quad (R^2 = 0.7573) \quad (5\text{-}17)$$

下面对本次试验所建立的高压水荷载直接作用下井壁混凝土强度准则进行验算,具体如下:采用逐级试算的方法,当试算值恰好满足式(5-17)要求时,即认为此时的荷载试算值就是极限荷载值。同时为了对比分析需要,采用《煤矿矿井采矿设计手册》中介绍的相关设计公式[式(5-18)]一同进行验算。并将两者计算结果与试验值进行比较,分析其误差大小,结果如表 5-5 所示。

$$P_x = \frac{(f + \xi f_y) \cdot (b^2 - a^2)}{\sqrt{3}b^2 K_a} \tag{5-18}$$

式中　ξ——配筋率；

　　　f_y——钢筋屈服应力；

　　　K_a——安全系数。

表 5-5　各模型井壁极限承载力计算结果

	模型编号								
	P-1	P-2	P-3	P-4	P-5	P-6	P-7	P-8	P-9
试验值/MPa	15.0	16.9	18.5	18.7	20.3	22.5	19.5	21.6	23.1
强度准则值/MPa	14.1	16.7	18.8	17.6	20.9	22.7	18.8	23.1	24.6
误差/%	−6.00	−1.18	1.62	−5.88	2.96	0.89	3.59	6.94	6.49
设计公式值/MPa	10.49	11.27	11.60	12.98	14.32	14.06	14.07	16.02	16.10
误差/%	−30.07	−33.32	−37.27	−30.58	−29.47	−37.53	−27.86	−25.84	−30.28

　　由表 5-5 可以清晰地看出基于试验数据采用八面体应力空间强度理论拟合得到的高压水荷载直接作用下井壁混凝土强度准则计算结果更加接近试验值，偏差范围为−6.00%～6.94%；而由现行煤矿井筒设计公式计算得到的极限承载力远远小于试验值，最大偏差达到−37.53%。分析原因认为主要是由于现行设计公式并没有考虑到水围压作用下煤矿井壁混凝土处于三轴受力状态，混凝土破坏时其延性以及峰值应力将得到较大提高。因此，大多数煤矿井筒设计时均采用较为保守的设计方法，未能充分考虑并利用围压增强效应。基于本书中试验结果采用式(5-17)所建立的混凝土强度准则得到的计算结果更能够说明它是目前计算煤矿井壁承载力的最有效方法之一。

　　为了分析高水压直接作用对井壁混凝土强度造成的渗流耦合影响，特在表 5-2 试验编号中选取 P-1、P-4、P-7 三个模型进行井壁浇筑时增设对比组,即按相同配比连续浇筑两个相同尺寸模型井壁,分别进行密封和未密封处理,其中经密封处理后的模型试件试验编号后均加上"Y",未经密封处理的模型试件试验编号后均加上"N",以示区别。两者的不同之处主要在于密封模型试件在加载前外表面四周全部均匀地涂抹一层环氧树脂并用纱布紧紧包裹,试验时高压水不与试件直接接触;而未密封试件表面不进行处理,试验时高压水与试件直接接触。试验正式开始后密封与未密封模型试件均按事先设计好的相同加载方案进行加载,最终试验结果如表5-6所示。

表 5-6　密封与未密封井壁模型试验结果

试验编号	P-1-Y	P-1-N	P-4-Y	P-4-N	P-7-Y	P-7-N
P_x /MPa	15.5	15.0	20.6	18.7	21.7	19.5

由表5-6所示试验结果可以清晰地看出未密封处理的模型井壁其极限承载力与密封处理的模型井壁相比普遍较低,由于本章研究的重点在于建立高压水直接作用下井壁混凝土强度准则,因此所做的对比试验组数较少,密封与未密封井壁模型极限承载力与混凝土自身强度变化规律难以呈现,试验结果说明在加载过程中高压水与井壁模型直接接触,压力水在井壁混凝土内发生渗流运动,形成劈裂力,促使混凝土内部微裂纹扩展与贯通,从而加快了井壁混凝土损伤进程,并最终弱化了井壁混凝土力学性能,使其承载能力降低。由此看来地下水压力长期作用在混凝土井壁上对其承载能力的影响是确实存在的,有必要对其进行系统的研究。

5.3.1.3　极限承载力

由表5-4可知此处采用粒径范围5～10mm的粗骨料以及增大胶凝材料用量和提高砂率等方法配得的高强高抗渗混凝土密实度极高、抗渗性能极佳,水压在施加过程中能够保持稳步上升趋势,最终破坏时承载能力高,说明目前采用高强高抗渗混凝土作为煤矿井壁筑壁材料是切实可行的。

由试验结果分析可知,井壁极限承载力 P_x 与混凝土轴心抗压强度 f_c、厚径比 λ 以及配筋率 ξ 相关。分别从表 5-2 和表 5-4 提取上述各组试验数据,采用 Origin 软件进行多重回归,即可得到井壁极限承载力经验公式,如下所示:

$$P_x = 3.348 f_c{}^{0.728} \lambda^{1.022} \xi^{0.031} \tag{5-19}$$

现根据式(5-19)对混凝土强度以及配筋率变化对井壁极限承载力的影响进行定量分析,绘制出 $P_x - f_c$、$P_x - \xi$ 关系曲线(图 5-9),进行详细说明。

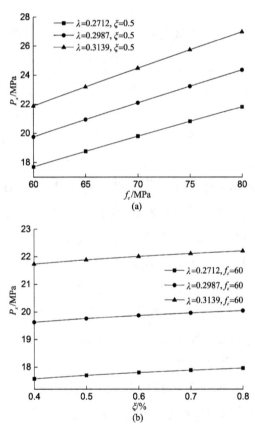

图 5-9　井壁极限承载能力定量分析图

(a) $P_x - f_c$ 关系曲线;(b) $P_x - \xi$ 关系曲线

由图 5-9 可以清晰地看出,随着混凝土轴心抗压强度 f_c 增大,井壁极限承载能力显著提高,计算表明 f_c 每增大 5MPa,P_x 平均提高 5.38%,与文献[20,158]相比提高率有所降低,这可能与井壁模型与高压水直接接触有关,加载过程中压力水对井壁混凝土构成应力渗流耦合损伤影响;而文献[20,158]模型试件均经过密封处理,压力水无法进入井壁混凝土内部。此外,通过提高配筋率 ξ,井壁极限承载能力增加十分有限。ξ 从 0.4% 增大至 0.8%,P_x 平均仅提高 2.17%,与文献[20,158]相比提高率有所降低,且此时钢筋用量剧增,不仅增加了工程预算金额,同时在井下混凝土浇筑振捣时造成诸多不便,难以保证其密实性,从而影响井筒整体浇筑质量。因此,在实际工程应用中,若想抵挡住强大的外荷载作用,不仅要选择合适的井壁结构形式,而且还应通过提高井壁混凝土抗压强度来增大井壁承载能力。

5.3.2 井壁结构竖向承载力模型试验结果分析

5.3.2.1 竖向承载力

现对试验编号做如下规定,同一组试验中,密封处理的模型试件在其试验编号后添加"Y",未经密封处理的模型试件在其试验编号后添加"N",以示区别。各组试验施加的水围压相同且在加载过程中保持不变,竖向荷载持续施加直至模型井壁发生破裂,破裂时通常伴随一声"砰"的响声,水围压随即卸压。最终模型井壁竖向极限承载力试验结果如表 5-7 所示,f_{cu} 为同组井壁模型浇筑时留置的混凝土立方体试块单轴抗压强度,f_c 为同组井壁模型浇筑时留置的混凝土立方体试块按照文献及《混凝土结构设计规范》(GB 50010—2010)换算后得到的轴心抗压强度。试验过程中发现,L-4-N试件加载后期渗漏水现象较为严重,水围压难以保持,模型试件竖向极限荷载值最小。分析原因主要是其筑壁材料中混凝土轴心抗压强度低,采用的是普通混凝土配合比,没有掺入硅粉、矿渣等矿物掺合料,从而使其各方面性能,特别是在抗渗性与密实度方面比高强高抗渗混凝土差得多,相比之下围压水能够较快地渗流到混凝土内部,给混凝土施加劈裂力促使其微裂缝、微孔隙扩展和贯通,进而对混凝土造成渗流-应力耦合损伤影响,特别是在加载后期这种耦合损伤影响效果更加明显,最终迫使井壁混凝土力学性能降低,并在宏观竖向承载力方面得以体现。另外,L-4组试验中密封处理和未密封处理试件竖向极限应力相差42.74%,属四组试验中对照试验竖向承载能力差距最大组,主要原因还是与混凝土强度及相关力学性能有关。其他三组试验由于采用的是高强高抗渗混凝土作为筑壁材料,密封处理试件和未密封处理试件竖向极限应力虽有所差别,但相差甚微。上述结果一方面说明目前各大矿区推广采用的高强高性能混凝土(早强、高强、抗渗性能佳、密实度高等优异性能)作为筑壁材料是十分有必要的,不仅能够满足承载力要求,而且在井筒渗漏水防治方面也能有着优异的表现。另一方面说明地下水渗流-应力耦合作用的确会影响到井壁混凝土力学性能并造成损伤,从而劣化其结构的竖向承载能力,因此今后在煤矿井壁结构设计过程中应当适当放大安全系数。

表 5-7 竖向极限承载力试验结果

试验编号	f_{cu} /MPa	f_c /MPa	竖向极限荷载 /kN	竖向极限应力 /MPa
L-1-Y	67.98	57.10	2882.86	80.58
L-1-N	68.35	57.41	2755.59	77.03
L-2-Y	70.27	60.71	2779.36	81.91
L-2-N	70.22	60.66	2662.76	78.48
L-3-Y	62.54	52.68	2385.24	76.10
L-3-N	62.23	52.27	2263.37	72.21
L-4-Y	34.45	23.08	1366.81	44.65
L-4-N	33.67	22.56	957.69	31.28

由表5-7进一步发现未密封处理的模型试件其竖向极限承载

能力普遍低于密封处理的模型试件,说明在加载过程中围压水与井壁模型直接接触加快了井壁混凝土的损伤进程,并最终弱化了井壁混凝土力学性能,使其承载能力降低。其中,L-1 组试验未密封井壁模型试件较密封井壁模型试件相比竖向极限应力下降了4.61%;L-2 组试验未密封井壁模型试件较密封井壁模型试件相比竖向极限应力下降了 4.37%;L-3 组试验未密封井壁模型试件较密封井壁模型试件相比竖向极限应力下降了 5.39%。说明地下水渗流-应力耦合作用对井壁竖向承载力影响与混凝土轴心抗压强度的提高成反比例关系。这可能与混凝土抗渗性有关,通常混凝土强度轴心抗压强度越高,各方面性能相对越高,特别是添加复合矿物外加剂后的高性能混凝土其抗渗性能更佳。当地下水在井壁混凝土内渗流时形成的渗流场与应力场相互耦合作用,混凝土强度高、密实度高、抗渗性能好,地下水难以渗入井壁混凝土内部,从而使其耦合损伤作用效果相对较弱,对井壁竖向承载力的弱化影响较低。此外,在围压水作用下井壁竖向极限应力与井壁混凝土轴心抗压强度相比均有较大提高,这是因为在水围压作用下井壁混凝土内部微缺陷被压密实在一定程度上限制了其发展,且混凝土处于二向或三向受力状态,从而使其承载能力得到提高,与现有混凝土多向受力强度理论研究成果相吻合[11]。观察发现,随着井壁混凝土强度提高,竖向极限应力相对于轴心抗压强度增强效应逐渐减小,按照表5-7 中试验编号从上往下增强系数依次为 1.411、1.342、1.349、1.294、1.445、1.381、1.935、1.387,主要原因在于混凝土强度越高,内部微缺陷越少,围压作用之所以能够使得井壁破坏应力提高,是由于其限制了混凝土内部微缺陷的发展,因而随着井壁混凝土强度提高,微缺陷愈少,围压限制其发展的效果愈加有限[12]。同时还可以看出同组试验中密封试件竖向极限应力相对于轴心抗压强度的增强系数较未密封试件大,再次说明围压水渗流-应力耦合作用对井壁混凝土造成损伤,劣化了其力学性能,且同组试验中密封与未密封两模型试件增强系数,按照 L-1 到 L-4 排序依次为 5.14%、4.08%、4.43%、28.32%,大致可以得到同样的结论,即混凝土强度越高,地下水对其造成的耦合损伤影响越小。因此针对目前超千米深井的开采,建议采用高强高性能混凝土作为筑壁材料。

5.3.2.2 应力变形特征

密封与未密封井壁模型最终破坏形态如图 5-10 所示。其中,密封试件多表现为内侧混凝土呈严重环状脱落,外侧呈环状鼓起,与现场煤矿井壁破坏形态相似。井壁破坏时先从内侧开始,随后应力迅速发生转移,试件内外侧混凝土裂纹相互沟通形成明显的宏观裂纹;未密封试件破坏形态大致与密封试件相同,但破坏更加彻底,主要表现在井壁外侧宏观裂缝分布更广,混凝土块状脱落更为严重,内钢筋有明显被压弯屈服的痕迹,且存在明显的透水通道,破坏位置多集中在试件下端,呈明显的竖向压缩破坏。

(a)　　　　　　　　　　(b)

图 5-10　竖向极限承载力试验井壁模型破坏形态

(a)L-2-Y 井壁模型破坏形态;(b) L-2-N 井壁模型破坏形态

在试验加载过程中,由数据采集系统记录下每级荷载作用下混凝土应变值,再根据弹塑性力学理论以及 Mises 塑性准则、单一曲线假定即可得到对应的应力值,最终绘制成应变-竖向荷载关系曲线和应力-竖向荷载关系曲线。由于井壁内缘混凝土处于二向受力状态,外缘混凝土处于三向受力状态,因此内缘混凝土受力条件相对较差,从而最先发生破坏,与上述破坏机理分析结果一致。由于内外缘混凝土应力、应变与竖向荷载走势基本相同,内缘值普遍略大于外缘值,此处仅给出内缘混凝土应力、应变与竖向荷载关系曲线,如图 5-11 所示。图 5-11(a)、图 5-11(b)均能反映出地下水渗流-应力耦合作用下模型试件在加载过程中大致经历了两个受力阶段:当竖向荷载在 2400kN 范围内时,内外侧混凝土竖向应变基本呈现出线性增长关系,此阶段可认为模型试件处于弹性阶段;当竖向荷载持续增加,内外侧混凝土变形速度加快,由原先的线性增长渐变成曲线增长,此阶段可认为模型试件处于塑性阶段。观察发现竖向峰值应变较井壁混凝土棱柱体单轴抗压时峰值应变有所提高,但与双层钢板混凝土井壁结构中的混凝土竖向应变相比增幅仍然较小[8],主要原因在于双层钢板混凝土井壁结构中的混凝土受到内外层钢板的约束从而处于三向受力状态,混凝土的延性得到明显改善,而对于钢筋混凝土井壁结构虽然钢筋与混凝土在受力阶段两者协调性较好,能够共同承受外荷载作用,但本次模型试验中钢筋在模型井壁结构中占有的份额极少,且井壁内侧混凝土仍处于二向受力状态,故其混凝土延性增长十分有限。

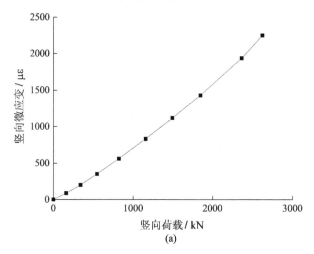

(a)

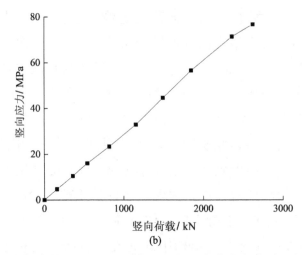

(b)

图 5-11 水力耦合作用下 L-2-N 模型试件竖向荷载与应力、应变关系曲线

(a)井壁模型竖向荷载与竖向微应变关系;(b)井壁模型竖向荷载与竖向应力关系

5.3.2.3 竖向承载力理论分析

目前尚没有合适的理论公式进行水力耦合作用下钢筋混凝土井壁结构竖向承载力计算。因此,笔者基于试验结果,采用极限平衡法进行井壁结构受力分析,如图 5-12 所示,推导建立钢筋混凝土井壁竖向极限荷载计算公式。

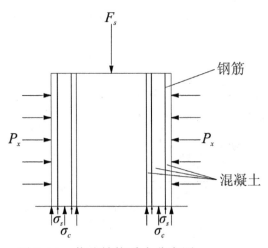

图 5-12 井壁结构受力分布图

首先将井壁结构中钢筋视作理想弹塑性体并取其屈服强度为 σ_s ,并且认为整个井壁结构为均质体,则由极限平衡条件可得竖向承载力计算公式:

$$F_s = \sigma_c A_c + \sigma_s A_s \tag{5-20}$$

式中　F_s ——竖向荷载;

　　　σ_c ——混凝土竖向极限应力;

　　　A_c ——混凝土层厚度;

　　　A_s ——钢筋总厚度。

由式(5-20)可推导得高强钢筋混凝土复合井壁在破坏时混凝土竖向极限应力为:

$$\sigma_c = (F_s - \sigma_s A_s)/A_c \tag{5-21}$$

又由于 $A_s = \mu A = \mu \cdot t \cdot 1 = \mu \cdot t$,则有 $A_c = A - \mu A = (1-\mu) \cdot t \cdot 1 = (1-\mu) \cdot t$ 。

查阅国内外三轴受压混凝土强度试验资料,认为井壁结构中混凝土符合莫尔线性强度准则,即

$$\sigma_c = f_c + k\sigma_r \tag{5-22}$$

式中　f_c ——混凝土轴心抗压强度;

　　　σ_r ——径向应力;

　　　k ——由试验确定的侧压效应系数。

水力耦合作用下井壁结构中混凝土所受应力状态较为复杂,k 值难以通过理论分析给出定值。假设 $k\sigma_r = m f_c$,代入得 $\sigma_c = (1+m)f_c$ 。再令 $1+m=M$ 并将其代入式(5-20)得到钢筋混凝土井壁极限竖向承载力为:

$$F_s = M \cdot f_c \cdot (1-\mu) \cdot t + \sigma_s \cdot \mu \cdot t \tag{5-23}$$

将 M 定义为井壁结构中混凝土强度提高系数,由试验结果及理论分析可知,M 与 f_c 、σ_s 、λ 、μ 存在联系,根据量纲分析法推出它们之间的相互关系,如下所示:

$$M = a\lambda^b (f_c/\sigma_s)^c \mu^d \tag{5-24}$$

由表 5-3 中的试验结果分析可得式(5-24)中各系数分别为 $a = 43.239$，$b = -1.446$，$c = -0.163$，$d = 0.987$。

最终得到地下水渗流-应力耦合作用下钢筋混凝土井壁竖向承载力计算公式：

$$F_s = 43.239 \cdot \lambda^{-1.446} \cdot \frac{f_c^{-0.163}}{\sigma_s} \cdot \mu^{0.987} \cdot f_c \cdot (1-\mu) \cdot t + \sigma_s \cdot \mu \cdot t$$

$$(5-25)$$

将表 5-7 中未密封井壁相关参数分别代入式(5-25)，计算得到偏差如表 5-8 所示。

表 5-8　钢筋承载力计算结果检验

试验编号	试验值 /kN	理论值 /kN	偏差
L-1-N	2764.14	2820.84	2.05%
L-2-N	2692.76	2703.28	0.39%
L-3-N	2263.37	2274.83	0.51%
L-4-N	957.69	971.10	1.40%

5.4　本章小结

(1)根据井壁结构侧向承载力正交模型试验结果，采用正八面体强度理论推导并建立了高压水荷载直接作用下井壁混凝土强度准则，并将其与现行煤矿井筒设计公式进行对比验算，结果表明本章所建立的强度准则计算结果与试验值较为接近，误差范围在 $-6.00\% \sim 6.94\%$，说明该强度准则用于煤矿井壁承载力计算是切实可行的。

(2)井壁结构侧向承载力试验结果拟合得到的井壁极限承载力

经验公式表明,提高混凝土强度等级是增大井壁承载能力最切实有效的方法之一,配筋率的提高对井壁承载能力的影响极其微弱,且在实际工程应用中带来诸多不便。此外,由定量分析可知,井壁模型与高压水直接接触时混凝土强度等级或配筋率提高幅度,与同等条件下井壁模型未与高压水直接接触时极限承载能力提高幅度相比普遍偏低。

(3)地下水渗流-应力耦合作用会对井壁混凝土产生损伤影响,致使井壁结构竖向承载能力较不考虑地下水渗流-应力耦合影响时普遍偏低。但随着筑壁材料中混凝土轴心抗压强度的提高,这种耦合损伤效应逐渐减弱。

(4)采用高强高性能混凝土作为筑壁材料是非常有必要的,不仅能够满足竖向承载力设计要求,而且其良好的抗渗性能与密实度能够有效减轻地下水渗流-应力耦合损伤影响程度,确保深厚含水层段煤矿井筒安全运营。

(5)通过井壁结构极限平衡法进行竖向受力机理分析,推导建立水力耦合作用下钢筋混凝土井壁结构竖向承载力计算公式,验算表明试验值与理论值偏差极小,可为含水层段煤矿井壁结构设计提供依据。

6 考虑混凝土脆性损伤及地下水渗流影响下立井井筒出水机理分析

当前,我国煤矿立井井筒筑壁材料普遍采用的是高强高性能井壁混凝土[32],其中混凝土强度等级已达 C100 以上[171-172]。随着井壁混凝土强度等级的提高,其脆性特征更加明显,全应力-应变曲线下降段更加陡峭,混凝土井壁易表现出延性差、破坏时间短等特点。同时,在深厚含水层段井壁混凝土受到地下水长期渗流的影响,孔隙水压力不仅使得井筒周围应力场和位移场发生变化,而且还会影响到井筒塑性区分布,对立井井筒的安全运营构成一定威胁。为此,本章将在前人研究的基础上[30,173],综合考虑高强井壁混凝土脆性损伤特征以及地下水渗流影响,运用上一章建立的高压水荷载直接作用下井壁混凝土强度准则,通过理论推导进行煤矿立井井筒弹塑性解析解的研究,并着重就相关参数的变化对煤矿立井井筒发生出水事故的影响进行分析。

6.1 高强井壁混凝土脆性损伤本构模型

为抵御强大的外荷载作用,施工现场普遍配制高强度等级的井壁混凝土作为筑壁材料,以达到提高井壁承载能力的目的。根据已有研究成果可知,混凝土强度等级每提高 10MPa,立井井壁承载能力相应提高 20%～30%[20]。然而随着混凝土强度等级的提高,其破坏时脆性特征更加明显,主要表现在全应力-应变曲线更加难以获得,且曲线下降段更加陡峭,混凝土破坏更加急促。安徽理工大学荣传新教授在研究地下水渗流对煤矿立井井筒影响时,采用的是Bui弹塑性损伤模型,且将单轴压缩状态下井壁混凝土应力-应变曲线简化为双线性[174]，而实际试验测得的高强混凝土应力-应变曲线下降段通常是陡峭型曲线，显然简化后的双线性计算模型与实际情况存在较大的差距。

由于高强混凝土与岩石同属于脆性材料，其内部均含有大量的微裂缝、微孔洞、节理、裂隙等初始缺陷，故其损伤和破裂过程具有一定的相似性[175-176]。为此，本章根据清华大学周维垣教授脆性岩石物理模型试验得到的数值拟合结果定义单轴压缩状态下高强井壁混凝土损伤变量[177-178]，如下式所示：

$$D = \begin{cases} 0 & (\varepsilon < \varepsilon_c) \\ \left(\dfrac{\varepsilon}{\varepsilon_t}\right)^n & (\varepsilon > \varepsilon_c) \end{cases} \tag{6-1}$$

式中　ε——高强井壁混凝土单轴压缩状态下应变；

　　　ε_c——峰值应力处的峰值应变；

　　　ε_t——常数；

　　　n——不同强度井壁混凝土脆性特征的参数。

由上式可知，高强井壁混凝土全应力-应变本构关系可表示如下：

$$\sigma = \begin{cases} E\varepsilon & (\varepsilon < \varepsilon_c) \\ E\left[1 - \left(\dfrac{\varepsilon}{\varepsilon_t}\right)^n\right]\varepsilon & (\varepsilon > \varepsilon_c) \end{cases} \tag{6-2}$$

式中　σ——高强井壁混凝土单轴压缩状态下应力；

　　　E——弹性模量。

随着井壁混凝土强度等级的提高，其应力-应变全过程曲线大致如图 6-1 所示。容易发现，随着 n 取值的增大，井壁混凝土峰值应力不断提高，峰值应变随着增大，与此同时曲线下降段更加陡峭，脆性特征更加明显，这与目前所得到的试验结果相符合[179-180]。理论上，当 n 趋近于无穷大时，曲线下降段则为一垂直线，表明当井壁混凝土达到峰值应力后立即破坏，来不及发生任何塑形变形，表现出完全脆性特征[181]。

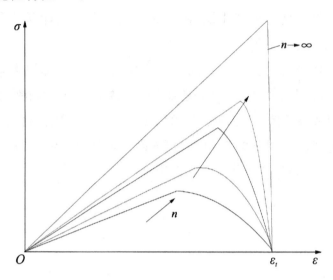

图 6-1　高强井壁混凝土脆性损伤应力-应变曲线

单轴受力状态下井壁混凝土应力与应变存在某种函数对应关系,即有 $\sigma = f(\varepsilon)$ [182],现将其推广到三轴应力状态下,假设存在函数关系 $\sigma_i = f(\varepsilon_i)$,同时将单轴压缩状态下井壁混凝土本构方程推广到三轴受力状态下,则由式(6-2)可得 σ_i 与 ε_i 满足如下函数关系:

$$\sigma_i = \begin{cases} E\varepsilon_i & (\varepsilon_i < \varepsilon_c) \\ E\left[1 - \left(\dfrac{\varepsilon_i}{\varepsilon_t}\right)^n\right]\varepsilon_i & (\varepsilon_i > \varepsilon_c) \end{cases} \tag{6-3}$$

同时定义 D' 为三轴受力状态下高强井壁混凝土损伤变量,根据 Lemaitre 等价应变原理——应力作用在受损材料上引起的应变与有效应力作用在无损材料上引起的应变等价[183-184],因此只需将材料无损时的名义应力替换为有效应力,即可表示材料受损时的本构关系,由 $\sigma'_i = \sigma_i/(1 - D)$、$\sigma'_i = E\varepsilon_i$ 可得:

$$\sigma_i = E(1 - D')\varepsilon_i \qquad (\varepsilon_i > \varepsilon_c) \tag{6-4}$$

联立式(6-3)和式(6-4),即可得到三轴受力状态下高强井壁混凝土损伤变量 D' 为:

$$D' = \left(\frac{\varepsilon_i}{\varepsilon_t}\right)^n \qquad (6\text{-}5)$$

根据煤矿立井井筒实际工作状态可将其作为平面应变问题处理,同时假定其在静水压力状态下塑性损伤区混凝土不可压缩[185],则有立井井筒塑性区体积应变 $\varepsilon_v = 0$、轴向应变 $\varepsilon_z = 0$,可得:

$$\varepsilon_r + \varepsilon_\theta = 0 \qquad (6\text{-}6)$$

式中　ε_r——径向应变;

　　　ε_θ——环向应变。

由于煤矿立井井筒属于轴对称结构物,因此可由弹性力学中轴对称问题的几何方程得到下式[119]:

$$\varepsilon_r = \frac{\mathrm{d}u}{\mathrm{d}r}, \varepsilon_\theta = \frac{u}{r} \qquad (6\text{-}7)$$

上式中 u 为径向位移。

将式(6-7)代入式(6-6)求微分方程,并根据边界条件 $\varepsilon_i\big|_{r=R} = \varepsilon_c$($R$ 为井筒塑性损伤区半径),可得:

$$\left. \begin{array}{l} u = \dfrac{\sqrt{3}}{2r}R^2\varepsilon_c \\[2mm] \varepsilon_r = -\dfrac{\sqrt{3}}{2r^2}R^2\varepsilon_c \\[2mm] \varepsilon_\theta = \dfrac{\sqrt{3}}{2r^2}R^2\varepsilon_c \end{array} \right\} \qquad (6\text{-}8)$$

则三轴受力状态下塑性区井壁混凝土等效应变为:

$$\varepsilon_i = \frac{\sqrt{2}}{3}\sqrt{(\varepsilon_r - \varepsilon_z)^2 + (\varepsilon_z - \varepsilon_\theta)^2 + (\varepsilon_r - \varepsilon_\theta)^2} = \frac{R^2\varepsilon_c}{r^2} \qquad (6\text{-}9)$$

将式(6-9)代入式(6-5),则可得到损伤变量的计算方程:

$$D' = \left(\frac{\varepsilon_c R^2}{\varepsilon_t r^2}\right)^n \qquad (6\text{-}10)$$

6.2 井壁混凝土屈服后塑性区强度准则

考虑到目前大多数强度准则的建立均是基于不同的试验条件得到的,且与煤矿立井井筒真实受力环境存在较大的区别,如果将其直接用于煤矿井壁混凝土的计算中势必存在较大的误差。由第5 章内容可知式(5-17)在计算高水压作用下煤矿井壁承载力时具有较高的计算精度,为此,本章假定屈服后阶段井壁混凝土满足第5 章中由试验数据结合正八面体强度理论建立的高压水直接作用下井壁混凝土强度准则,屈服前阶段则按弹性力学问题处理,有:

$$\frac{\tau_{oct}}{f_c} + A\frac{\sigma_{oct}}{f_c} + B = 0 \tag{6-11}$$

式中,$A = 0.4506, B = -0.1038$。

采用平面应变问题的处理方法[30,154],假定 $\sigma'_z = (\sigma'_r + \sigma'_\theta)/2$,同时结合式(5-16),一并代入式(6-11)化简得到:

$$\left(\frac{\sqrt{6}}{6f_c} + \frac{A}{2f_c}\right)\sigma'_r - \left(\frac{\sqrt{6}}{6f_c} - \frac{A}{2f_c}\right)\sigma'_\theta + B = 0 \tag{6-12}$$

式中 σ'_r ——混凝土井壁塑性损伤区径向应力;

σ'_θ ——混凝土井壁塑性损伤区环向应力。

令 $\frac{\sqrt{6}}{6f_c} + \frac{A}{2f_c} = M$, $\frac{\sqrt{6}}{6f_c} - \frac{A}{2f_c} = N$,则有:

$$M\sigma'_r - N\sigma'_\theta + B = 0 \tag{6-13}$$

对于三轴受力状态下井壁混凝土各向同性损伤来说,则有下式成立[173]:

$$\sigma'_r = \frac{\sigma_r}{1-D'}, \sigma'_\theta = \frac{\sigma_\theta}{1-D'} \tag{6-14}$$

再将式(6-10)、式(6-14)代入式(6-13),得到用 σ_r 和 σ_θ 表示的屈服后塑性区强度准则:

$$M\sigma_r - N\sigma_\theta + B\left[1 - \left(\frac{\varepsilon_c R^2}{\varepsilon_t r^2}\right)^n\right] = 0 \tag{6-15}$$

6.3 煤矿立井井壁流固耦合理论分析

6.3.1 渗透体积力

假定煤矿立井井壁混凝土为各向同性多孔介质,渗透系数在各个方向上均相等,且满足达西定律。此外,又由于渗透体积力中浮力部分占的比重极小,可忽略不计,即可按照轴对称恒定渗流问题进行处理[186]。混凝土井壁受力与第 5 章规定相同,即混凝土井壁受压应力为负,拉应力为正。

孔隙水压力 p_w 可由下式确定[187]:

$$\frac{EK}{(1+\mu)(1-2\mu)\gamma_w}\nabla^2 p_w = -\frac{\partial(\sigma'_x + \sigma'_y)}{\partial t} \qquad (6\text{-}16)$$

式中 K ——井壁混凝土渗透系数;

       γ_w ——孔隙流体密度。

对于恒定渗流来说 $\partial(\sigma'_x + \sigma'_y)/\partial t = 0$,则有 $\nabla^2 p_w = 0$ 。将式(6-16)转换成在极坐标系下的表达式,如下所示:

$$\left.\begin{array}{c}\dfrac{\mathrm{d}^2 p_w}{\mathrm{d}r^2} + \dfrac{1}{r}\dfrac{\mathrm{d}p_w}{\mathrm{d}r} = 0 \\[2mm] p_w|_{r=b} = p, \; p_w|_{r=a} = 0 \end{array}\right\} \qquad (6\text{-}17)$$

式中 a ——立井井筒内半径;

       b ——立井井筒外半径;

       r ——任意一点径向半径;

       p ——地下水压力。

解上述微分方程可得:

$$p_w = \frac{p}{\ln(b/a)}\ln(r/a) \qquad (6\text{-}18)$$

则地下水渗流产生的径向渗透体积力为:

$$F = \omega\frac{\mathrm{d}p_w}{\mathrm{d}r} = \omega\frac{p}{\ln(b/a)r} \qquad (6\text{-}19)$$

上式中 ω 为井壁混凝土孔隙率，$\omega < 1$。

6.3.2 立井井筒弹性区应力分布

为了便于直观理解，绘制出了地下水压力作用下的煤矿立井井筒力学分析模型，如图 6-2 所示。由于立井井筒外缘处于三向受力状态，而内缘处于二向受力状态，故井筒通常从内壁率先发生破坏，随后应力转移到外壁，井壁由里到外分别经历了塑性损伤区和弹性区，其中 R 为井筒塑性损伤区半径。

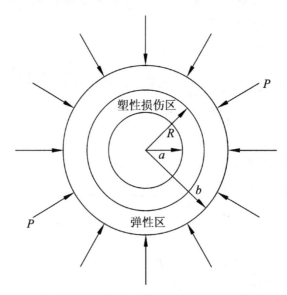

图 6-2　地下水压力作用下煤矿立井井筒力学分析模型

由弹性力学基本理论可知，地下水压力作用下煤矿立井井筒弹性区满足下列平衡微分方程、几何方程以及物理方程[119]：

$$\frac{\mathrm{d}\sigma_r}{\mathrm{d}r} + \frac{\sigma_r - \sigma_\theta}{r} - F = 0 \tag{6-20}$$

$$\left.\begin{aligned}
\varepsilon_r &= \frac{1-\mu^2}{E}\left(\sigma_r - \frac{\mu}{1-\mu}\sigma_\theta\right) \\
\varepsilon_\theta &= \frac{1-\mu^2}{E}\left(\sigma_\theta - \frac{\mu}{1-\mu}\sigma_r\right)
\end{aligned}\right\} \tag{6-21}$$

将式(6-7)、式(6-19)、式(6-21)代入式(6-20)，化简后可得：

$$\frac{\mathrm{d}^2 u}{\mathrm{d}r^2} + \frac{1}{r}\frac{\mathrm{d}u}{\mathrm{d}r} - \frac{u}{r^2} = \frac{H}{rE}\frac{(1+\mu)(1-2\mu)}{1-\mu} \qquad (6\text{-}22)$$

上式中 $H = \dfrac{\xi P}{\ln(b/a)}$，则求得立井井筒弹性区径向位移为：

$$u = \frac{C_1}{r} + C_2 r + \frac{(1+\mu)(1-2\mu)}{1-\mu}\frac{H}{2E}r\ln r \qquad (6\text{-}23)$$

上式中 C_1、C_2 为积分常数，可由边界条件式(6-24)确定，进而求得上面微分方程的解。

$$\left.\begin{array}{l} \sigma_r\big|_{r=R} = -\sigma_r^t \\ \sigma_r\big|_{r=b} = -p \end{array}\right\} \qquad (6\text{-}24)$$

上式中 σ_r^t 为弹性区与塑性损伤区交界处径向应力。

最终得到弹性区混凝土井壁应力分布，如下所示：

$$\sigma_r = -p + \frac{H}{2(1-\mu)}\ln\frac{r}{b} + \frac{R^2}{R^2-b^2}\left(\frac{b^2}{r^2}-1\right)\cdot\left[\sigma_r^t - p + \frac{H}{2(1-\mu)}\ln\frac{R}{b}\right]$$

$$(6\text{-}25)$$

$$\sigma_\theta = -p + \frac{H}{2}\left(\frac{1}{1-\mu}\ln\frac{r}{b} + \frac{2\mu-1}{1-\mu}\right) - \frac{R^2}{R^2-b^2}\left(\frac{b^2}{r^2}+1\right)\cdot$$

$$\left[\sigma_r^t - p + \frac{H}{2(1-\mu)}\ln\frac{R}{b}\right]$$

$$(6\text{-}26)$$

6.3.3 立井井筒塑性损伤区应力分布

将式(6-15)、式(6-19)代入式(6-20)，得：

$$\frac{\mathrm{d}\sigma_r}{\mathrm{d}r} + \frac{N-M}{rN}\sigma_r = \frac{B}{rN}\left[1 - \left(\frac{\varepsilon_c R^2}{\varepsilon_t r^2}\right)^n\right] + \frac{H}{r} \qquad (6\text{-}27)$$

结合边界条件 $\sigma_r\big|_{r=a} = 0$ 解式(6-27)，得到井壁塑性损伤区径向应力为：

$$\sigma_r = \frac{H+C_4}{C_3}\left[1 - \left(\frac{a}{r}\right)^{C_3}\right] + \frac{C_4}{C_3-2n}\left[\left(\frac{a}{r}\right)^{C_3}\cdot\left(\frac{C_5}{a^2}\right)^n - \left(\frac{C_5}{r^2}\right)^n\right]$$

$$(6\text{-}28)$$

上式中 $C_3 = (N-M)/N$，$C_4 = B/N$，$C_5 = (\varepsilon_c R^2)/\varepsilon_t$。将式 (6-28)代入式(6-15)，即可得到井壁塑性损伤区环向应力：

$$\sigma_\theta = \left[\frac{H+C_4}{C_3}\left(1-(\frac{a}{r})^{C_3}\right) + \frac{C_4}{C_3-2n}\left((\frac{a}{r})^{C_3} \cdot (\frac{C_5}{a^2})^n - (\frac{C_5}{r^2})^n\right)\right] \cdot$$

$$(1-C_3) + C_4\left[1-(\frac{C_5}{r^2})^n\right]$$

$$(6-29)$$

6.3.4 立井井筒弹塑性交界面应力分布

由式(6-28)可以求得立井井筒塑性损伤区一侧临界径向应力，如下所示：

$$\sigma_r^{pt} = \frac{H+C_4}{C_3}\left[1-(\frac{a}{R})^{C_3}\right] + \frac{C_4}{C_3-2n}\left[(\frac{a}{R})^{C_3} \cdot (\frac{C_5}{a^2})^n - (\frac{C_5}{R^2})^n\right]$$

$$(6-30)$$

当 $r = R$ 时，将式(6-25)、式(6-26)代入式(6-15)，且此时 $D' = 0$，由此得到立井井筒弹性区一侧临界径向应力：

$$\sigma_r^a = \frac{\left[2b^2 N\left(p - \frac{H}{2(1-\mu)}\ln\frac{R}{b}\right) + \left(\frac{NH(2\mu-1)}{2(1-\mu)} - B\right)(R^2-b^2)\right]}{[b^2(M+N) - R^2(M-N)]}$$

$$(6-31)$$

根据立井井筒弹性区与塑形损伤区满足应力连续条件，则有：

$$\sigma_r^e|_{r=R} = \sigma_r^p|_{r=R} \qquad (6-32)$$

联立式(6-30)和式(6-31)，即可得到地下水压力 P 的解析解，如下所示：

$$P = \frac{2C_3(1-\mu)\ln(b/a) \cdot (Q_2 - Q_1 Q_3 - Q_3 Q_4)}{2\xi(1-\mu)Q_3\left[1-(a/R)^{C_3}\right] - 4b^2 NC_3(1-\mu)\ln(b/a) + NC_3 Q_5}$$

$$(6-33)$$

上式中 Q_1、Q_2、Q_3、Q_4、Q_5 分别按下式计算：

$$Q_1 = \frac{C_4}{C_3-2n}\left[(\frac{a}{R})^{C_3} \cdot (\frac{C_5}{a^2})^n - (\frac{C_5}{R^2})^n\right] \qquad (6-34)$$

$$Q_2 = B \cdot (b^2 - R^2) \tag{6-35}$$

$$Q_3 = b^2(M+N) - R^2(M-N) \tag{6-36}$$

$$Q_4 = \frac{C_4}{C_3}\Big[1 - (\frac{a}{R})^{C_3}\Big] \tag{6-37}$$

$$Q_5 = 2b^2\xi\ln(R/b) + \xi(2\mu - 1)(R^2 - b^2) \tag{6-38}$$

6.4 煤矿立井井壁出水机理分析

根据上述理论推导,立井井筒发生出水事故是由多种因素综合决定的,其中与立井内外径尺寸、混凝土强度等级、混凝土孔隙率、混凝土脆性特征参数等均存在密切联系,而当上述设计因素确定时,煤矿立井井壁能够承受的极限水压力还与塑性损伤区半径大小有关。因此,本算例取立井井筒设计参数中内半径 a 为 4m,外半径 b 为 5m,混凝土单轴抗压强度 f 分别取 60MPa、70MPa、80MPa,泊松比 ν 统一取 0.2,其中混凝土脆性特征参数 n 参考第 2 章弹性模量试验测得的应力-应变关系确定。而式(6-10)中损伤系数 $\varepsilon_c/\varepsilon_t$ 与 n 同样存在对应关系,事先用 MATLAB 对式(6-2)作应力-应变曲线,统计不同 n 值所对应的 $\varepsilon_c/\varepsilon_t$ 值,最终绘制出 $\varepsilon_c/\varepsilon_t$ 与 n 的关系曲线[181],如图 6-3 所示。不同单轴抗压强度混凝土相应的计算参数如表 6-1 所示。

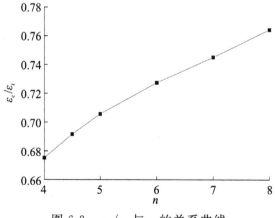

图 6-3　$\varepsilon_c/\varepsilon_t$ 与 n 的关系曲线

表 6-1　不同单轴抗压强度混凝土相应计算参数

混凝土单轴抗压强度/MPa	n	M	N	C_3	C_4
60	5	0.0106	0.0030	-2.5333	-34.0424
70	5.4	0.0091	0.0026	-2.5000	-39.7161
80	6.2	0.0079	0.0023	-2.4348	-45.3899

6.4.1　不同混凝土单轴抗压强度对立井井壁极限水压力的影响

混凝土单轴抗压强度与其内部密实度存在密切关系,通常单轴抗压强度不同,其孔隙率大小也不相同,且随着混凝土峰值强度提高,孔隙率表现出明显下降的趋势[188-189]。根据第 2 章表 2-14 井壁混凝土孔隙率及吸水率试验结果,本次取单轴抗压强度 60MPa 时混凝土孔隙率为 0.063,单轴抗压强度 70MPa 时混凝土孔隙率为 0.055,单轴抗压强度 80MPa 时混凝土孔隙率为 0.041。采用 Excel 按照式(6-33)进行计算,提取数据后再采用 Origin 绘制出不同单轴抗压强度混凝土与井壁能够承受的水压力-塑性损伤半径关系曲线,如图 6-4 所示。

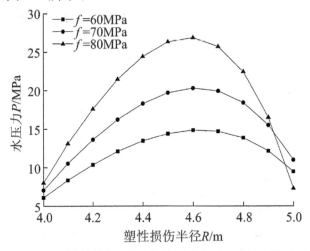

图 6-4　不同单轴抗压强度混凝土与井壁能够承受的
水压力-塑性损伤半径关系曲线

由图 6-4 可知,随着混凝土单轴抗压强度的提高,煤矿立井井壁能够承受的极限水压力逐步上升。混凝土单轴抗压强度为60MPa 时,井壁能够承受的极限水压力为 14.85MPa;混凝土单轴抗压强度为 70MPa 时,井壁能够承受的极限水压力为 20.30MPa;混凝土单轴抗压强度为 80MPa 时,井壁能够承受的极限水压力为26.87MPa。相对于前一级混凝土单轴抗压强度而言,极限水压力分别提高了 36.70% 和 32.36%。继续观察图 6-4 可以发现,当水压力达到极限水压力值后,随着塑性损伤半径的增大,水压力表现出减小的趋势,此时需要针对这一现象进行补充说明的是,由极值点失稳理论得知当煤矿井筒处于初始稳定的平衡状态,荷载逐级增加达到一个局部最大值时,在此荷载作用下井筒将丧失稳定性,称为极值点失稳,失稳判断准则为:$\mathrm{d}p/\mathrm{d}R = 0$[190]。图 6-4 中极值点处水压力即为极限水压力,当井壁承受的水压力接近极限水压力时,井壁处于非稳定平衡状态,在此情况下井壁若受到轻微扰动即可能发生出水事故。因此,图 6-4 中塑性损伤半径超过对应极限水压力损伤半径后,随着 R 值增大,水压力降低并不具有实际工程意义,对于这一部分水压力走势可以忽略不计。此外,当塑性损伤半径 $R=4\mathrm{m}$,即井壁完全处于弹性状态时,煤矿立井能够承受的水压力值随着混凝土单轴抗压强度提高增幅减小,单轴抗压强度每提高10MPa,井壁能够承受的水压力平均提高 14.61%;当塑性损伤半径依次增大至极限水压力所对应半径时,单轴抗压强度每提高10MPa,井壁能够承受的水压力平均分别提高 25.15%、30.33%、33.21%、34.73%、35.18%、34.51%,其提高幅度是完全弹性状态时的一倍有余。由此可见,随着塑性损伤半径的增大,煤矿立井井壁能够承受的水压力对混凝土单轴抗压强度的敏感系数更高。而在实际工程应用中,井壁通常并非完全处于弹性状态,因而目前采用高强高性能混凝土作为筑壁材料,不仅能够满足竖向附加应力对其承载力的要求,而且对于抵抗高水压的作用效果较佳。再由图

6-4 可以看出三种不同单轴抗压强度的井壁混凝土极限水压力均发生在塑性损伤半径 4.6m 处,超过井壁壁厚一半有余,说明此时井壁处于岌岌可危的状态,应立即采取应急措施确保井筒安全,防止出水事故发生。

6.4.2 不同孔隙率对立井井壁极限水压力的影响

取混凝土单轴抗压强度为 60MPa,孔隙率 ω 分别为 0、0.05、0.1、0.15、0.2,即分为不考虑地下水渗流耦合效应和考虑地下水渗流耦合效应时不同孔隙率对井壁水压力的影响,按式(6-33)代入参数后绘制出如图 6-5 所示关系曲线。随着混凝土孔隙率的变化,煤矿立井井壁能够承受的极限水压力也相应发生变化。即当孔隙率 $\omega = 0$ 时,井壁能够承受的水压力值普遍最高,此时极限水压力为 18.47MPa;孔隙率依次增大时,井壁能够承受的水压力反而减小,且极限水压力所对应的塑性损伤半径也随之发生变化,具体数值如表 6-2 所示。由此可见,在深厚含水层段煤矿立井井壁设计时应充分考虑地下水渗流耦合影响,以确保井壁处于安全状态。

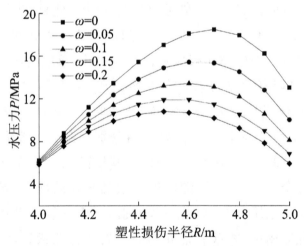

图 6-5 不同孔隙率与水压力以及塑性损伤半径关系曲线

表 6-2　不同孔隙率下井壁能够承受的极限水压力和临界塑性损伤半径

孔隙率	极限水压力/MPa	临界塑性损伤半径/m
0	18.47	4.7
0.05	15.42	4.6
0.1	13.21	4.5
0.15	11.88	4.5
0.2	10.53	4.4

　　由表 6-2 可知,孔隙率 $\omega=0$ 时井壁能够承受的极限水压力值最大,而且对应的临界塑性损伤半径也最大,其值为 4.7m。而当孔隙率 $\omega=0.2$ 时,此时相对于 $\omega=0$ 而言极限水压力值下降了43.00%,井壁临界塑性损伤区厚度由 0.7m 降低至 0.4m,减小了42.86%。综上分析可知,在不考虑地下水渗流影响时,不存在水力耦合损伤,混凝土力学性能可近似认为不发生弱化,井壁能够承受的极限水压力最大,且此时对应的临界塑性损伤半径也最大;当考虑地下水渗流耦合效应影响时,井壁承受的极限水压力随着孔隙率 ω 的增大而减小,且相应临界塑性损伤半径也在减小。这是因为井壁混凝土孔隙率增大,井筒内渗漏水现象更加明显,应力场-渗流场-变形场三者相互耦合影响加剧,由前面章节分析可知此时井壁混凝土损伤加速,力学性能降低。渗漏水量越大,耦合作用效果越明显,井壁破坏进程将得到加速。

　　此外,由图 6-6 三条曲线各段斜率变化情况可以清晰地看出,当考虑地下水渗流耦合作用时,立井可以承担的极限水压力比不考虑渗流耦合作用的降幅要大得多,且随着混凝土孔隙率的增大,立井井壁承受的极限水压力减小。当单轴抗压强度为 80MPa 时,随着孔隙率从 0 增大至 0.05、0.10、0.15、0.20 时,极限水压力依次降低 19.99%、15.91%、12.76%、11.32%;当单轴抗压强度为 70MPa时,随着孔隙率从 0 增大至 0.05、0.10、0.15、0.20 时,极限水压力依次降低 18.70％、14.87％、12.46％、10.33％；当单轴抗压强度为 60MPa 时，随着孔隙率从 0 增大至 0.05、0.10、0.15、0.20 时，极限水压力依次降低 16.51％、14.33％、10.07％、11.36％。由此可见，当孔隙率增大到一定值时，极限水压力随孔隙率增大降低幅度趋于接近，此时与混凝土单轴抗压强度已不存在明显相关性，自 $\omega =$ 0.15 起，极限水压力降低速率开始趋于一致。因此，对于通常采用高强混凝土作为筑壁材料的煤矿井壁而言，应当在混凝土配制过程中掺入适量的硅粉、矿渣、减水剂，一方面可以使得混凝土内部微观结构更加密实，另一方面在混凝土配制过程中降低水灰比，严格控制砂石含泥量，缩小孔隙率，增大密实度，可以有效防止煤矿立井井壁在深厚含水层段发生出水事故。

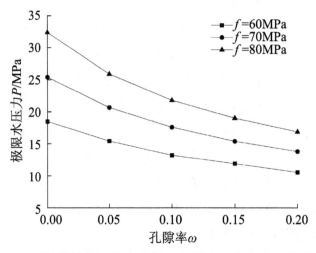

图 6-6　不同单轴抗压强度混凝土极限水压力与孔隙率的关系曲线

6.4.3　不同 n 值对立井井壁极限水压力的影响

　　为掌握井壁混凝土脆性损伤特征参数 n 对煤矿立井井壁极限水压力的影响强弱程度，取三种不同单轴抗压强度井壁混凝土在极限水压力时的对应状态，改变其脆性损伤特征参数，观察极限水压力的相应变化，混凝土孔隙率计算条件与 6.4.1 节相同。最终根据不同的计算结果绘制出三条极限水压力与脆性损伤参数的关系曲线,如图 6-7 所示。整体来看,随着井壁混凝土脆性损伤参数的提高,得到的相应条件下煤矿立井井壁能够承受的极限水压力值逐渐减小。其中单轴抗压强度为 60MPa 的井壁混凝土,其脆性损伤参数从 5.0 提高到 8.0,相应地,极限水压力值依次降低 0.98%、1.40%、1.71%、1.89%、1.92%、1.77%;单轴抗压强度为 80MPa 的井壁混凝土,其脆性损伤参数从 5.0 提高到 8.0,相应地,极限水压力值依次降低 1.01%、1.46%、1.78%、1.97%、2.00%、1.85%。并且从图 6-7 也可以看出混凝土单轴抗压强度 $f=80$MPa 时,其曲线斜率最大;$f=60$MPa 时,其曲线斜率最小。说明对于强度等级越高的井壁混凝土而言,脆性损伤参数对其能够承受的极限水压力影响程度越大。故针对目前煤矿新井越建越深,作为井筒浇筑时的主要原材料——混凝土强度等级越来越高[165],其脆性损伤影响越来越明显,井壁能够承受的极限水压力值降低,且井壁破坏时往往没有先兆,井下工作人员尚未能及时撤退,未能对原有支护结构进行及时加固和修复,所以在采用高强度混凝土作为筑壁材料时,推荐同时采用钢板筒约束井壁结构,此时混凝土处于三轴状态,应力状态得到明显改善,且表现出较好的延性[22-23]。

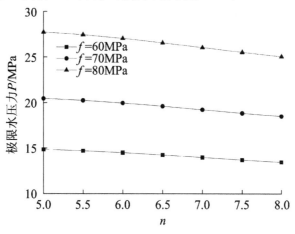

图 6-7　极限水压力与脆性损伤参数关系曲线

6.5 实例验证

某矿西风井净直径 6.0m,壁厚 0.9m,于 2010 年 2 月 18 日在深度 307.2m 处发生突水事故,涌水量约 300m³/h,最终不得不采用抛石渣、河砂、水泥、水玻璃对井筒进行充填。彭世龙博士认为突水点处井壁混凝土强度未达到设计强度值是此次事故发生的原因,初步判断当时井壁混凝土单轴抗压强度 $f_c \leqslant 19\text{MPa}$,孔隙率 ω 为 $0.3 \sim 0.5^{[6]}$。因此本书取 $f_c = 19\text{MPa}$,$\omega = 0.3$,结合 6.2 节代入式 (6-33)进行验算,结果如图 6-8 所示。井壁在损伤半径 3.1m(即壁厚 0.1m)处承受的临界突水水压为 2.01MPa,远小于实际地下水压 3.07MPa,故必然发生突水事故,说明本书得到的理论解合理。

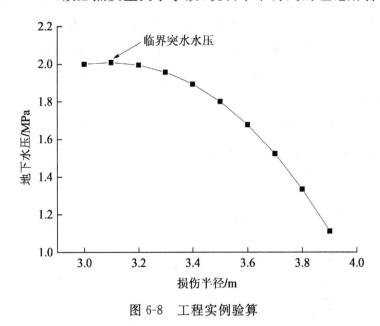

图 6-8 工程实例验算

6.6 本章小结

（1）导出三轴状态下脆性损伤变量表达式，继而考虑脆性损伤与水力耦合的共同影响，得到混凝土井壁承受的地下水压解析解，基于极值点失稳准则开展多因素作用下井壁临界突水水压理论分析。

（2）高强混凝土能够承受的地下水压远高于普通混凝土，且孔隙率越小，临界突水水压越高。因此在使用混凝土作为筑壁材料时，应降低水灰比、控制砂率，添加矿物掺合料，使得配制出的混凝土强度高、密实性好。

（3）与普通混凝土相比，高强混凝土脆性特征明显，且井壁结构尺度大，脆性损伤参数提高既不利于井壁承受临界突水水压，也不利于井壁临近破坏时抢险加固。采用钢板筒约束内缘混凝土，可以发挥很好的支护效果。

7 井壁混凝土应力-渗流动态耦合数值计算

地下水在混凝土或围岩内渗流运动时,产生的渗透应力作用于内部微裂隙上,对混凝土或围岩应力分布构成影响,同时内部应力场的改变又会引起微裂隙发生变形,进而对其渗透性能产生影响,此时渗流场因渗透性能的变化而重新分布,应力场也紧随之发生改变,直到两者最终达到某种动态平衡。此时称渗流场与应力场之间的相互作用、相互影响为应力-渗流耦合[44],需要指出的是该过程其实是一个动态耦合过程,即渗透系数和孔隙率处于不断变化的状态。

据现有文献介绍可知,煤矿井筒穿过含水不稳定冲击层或含水基岩段时,井壁将受到高地下水压作用[26,31,191-192],随着井筒越建越深,水压力必将越来越大,其对混凝土井壁的损伤破坏能力必将越来越强。井壁混凝土处于高压水荷载直接作用下,必将加剧其内部损伤,不利于井壁结构长期稳定,而混凝土的损伤是由其内部微孔隙的萌生、拓展、贯通所引起,微裂隙对其渗透性能也构成影响,继而影响到内部应力分布。因此在深厚含水不稳定地层,煤矿井筒发生透水破坏事故是井壁混凝土应力场、渗流场两者相互耦合作用的结果,在分析计算时应当考虑应力-渗流耦合效应并对其给予充分重视。

7.1 井壁混凝土应力场与渗流场动态耦合力学机理

通过文献检索来看,目前极少有学者将在水环境中工作的混凝土井壁应力场与渗流场相结合进行耦合分析[192]。而根据实践经验可知,若想得到井壁混凝土在水荷载作用下更为贴合实际工况的研究成果,必须考虑应力场与渗流场之间的耦合作用效果[54-58]。假设井壁混凝土是各向同性的均匀多孔介质,当外界水压力作用于井壁外表面时,会引起地下水在其内部发生渗流运动,渗流过程中产生的渗流水动力以渗流体积力形式作用于混凝土介质中;而此时作为外部荷载作用于混凝土介质中的渗透应力会使得混凝土介质内部应力场发生改变,应力场的变化引起混凝土介质位移场相应发生变化,位移场变化产生的体应变必然使得混凝土介质内微裂隙、微孔隙发生改变,从而使得孔隙率、孔隙比随之变化[193-194]。由于混凝土被视为多孔介质材料,其渗透系数与孔隙率、孔隙比成正相关关系,故孔隙率、孔隙比的改变势必引起渗透系数发生变化,对其渗透性能产生影响,从而使得混凝土介质渗流场也随之发生改变,混凝土井壁的应力-渗流耦合分析示意如图 7-1 所示。以上分析表明井壁混凝土在地下水渗流作用下应力场与渗流场是一种动态耦合过程。罗晓青等假定井壁混凝土处于完全隔水状态,考虑地下水作用影响,详细分析了围岩与井壁混凝土剪切模量比、锚杆等因素对力学性能的影响[191],这对高水压作用下井壁混凝土的数值计算有一定的指导价值,但分析计算过程认为渗透系数和孔隙率是保持不变的,与实际情况存在一定差别。因此,本章将尝试进行地下水压作用下井壁混凝土应力-渗流动态耦合数值计算,同时考虑在开挖过程中围岩扰动区渗透性的演化情况,即将井壁混凝土与围岩同时看作弹塑性损伤材料开展应力-渗流动态耦合损伤演化研究,基于各自渗透系数与变形特性的动态变化特征,进行开挖支护以及应力-渗流-损伤耦合计算。

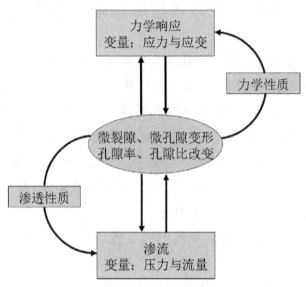

图 7-1　井壁混凝土应力-渗流耦合分析示意图

7.2　应力-渗流耦合有限元离散法计算

虚功原理的引入可以很好地应用于多孔介质材料应力平衡方程中,某一时刻作用于混凝土或围岩等多孔介质上的面力或体力所产生的虚功与该介质虚功相同,则由理论推导可得到下式[195]:

$$\int_V \delta \boldsymbol{\varepsilon}^{\mathrm{T}} \boldsymbol{D}_{ep} \frac{\mathrm{d}\boldsymbol{\varepsilon}}{\mathrm{d}t} \mathrm{d}V + \int_V \delta \boldsymbol{\varepsilon}^{\mathrm{T}} \boldsymbol{D}_{ep} \left(\boldsymbol{m} \frac{s_w + p_w \zeta}{3K_s} \frac{\mathrm{d}p_w}{\mathrm{d}t} \right) \mathrm{d}V =$$

$$\int_V \delta \boldsymbol{u}^{\mathrm{T}} \frac{\mathrm{d}f}{\mathrm{d}t} \mathrm{d}V + \int_S \delta \boldsymbol{u}^{\mathrm{T}} \frac{\mathrm{d}\bar{f}}{\mathrm{d}t} \mathrm{d}S + \int_V \delta \boldsymbol{\varepsilon}^{\mathrm{T}} \boldsymbol{m} (s_w + p_w \zeta) \frac{\mathrm{d}p_w}{\mathrm{d}t} \mathrm{d}V$$

$$(7\text{-}1)$$

式中　$\bar{f}$ ——面力;

　　　f ——体力;

　　　$\boldsymbol{D}_{ep}$ ——弹塑性矩阵;

　　　ζ ——试验参数,由毛细压力与饱和度之间的吸湿或干燥试验曲线确定;

$\delta\varepsilon$, δu——虚位移和虚应变。

$$m = [1,1,1,0,0,0]^{\mathrm{T}}$$

同时,根据质量守恒原理,在 $\mathrm{d}t$ 时间内某一体积混凝土或围岩等多孔介质内部储水量的增加应等于流入该体积内的水量,采用达西定律描述流体的渗流运动,则由理论推导可得到渗流连续性方程[195]:

$$s_w\left(m^{\mathrm{T}} - \frac{m^{\mathrm{T}}D_{ep}}{3K_s}\right)\frac{\mathrm{d}\varepsilon}{\mathrm{d}t} - \nabla^{\mathrm{T}}\left[k_0 k_t\left(\frac{\nabla p_w}{\rho_w} - g\right)\right] +$$

$$\left\{\xi n + n\frac{s_w}{K_w} + s_w\left[\frac{1-n}{3K_s} - \frac{m^{\mathrm{T}}D_{ep}m}{(3K_s)^2}\right](s_w + p_w\xi)\right\}\frac{\mathrm{d}p_w}{\mathrm{d}t} = 0$$

$$(7\text{-}2)$$

式中 k_0 ——水密度与初始渗透系数张量的乘积;

k_t ——比渗透系数,可为饱和度、应力、应变或损伤变量等的函数;

g ——重力加速度;

n ——孔隙度;

K ——水的体积模量。

定义如下函数表达式:

$$\left.\begin{array}{l} u = N_u\bar{u} \\ \varepsilon = B\bar{u} \\ p_w = N_p\bar{p}_w \end{array}\right\} \qquad (7\text{-}3)$$

式中 $\bar{p}_w$ ——单元节点孔隙压力;

$\bar{u}$ ——单元节点位移。

联合式(7-1)与式(7-3),化简后可得到如下固相有限元表达式:

$$Q\frac{\mathrm{d}\bar{u}}{\mathrm{d}t} + P\frac{\mathrm{d}\bar{p}_w}{\mathrm{d}t} = \frac{\mathrm{d}f}{\mathrm{d}t} \qquad (7\text{-}4)$$

其中:

$$Q = \int_V \boldsymbol{B}^{\mathrm{T}} \boldsymbol{D}_{ep} \boldsymbol{B} \, \mathrm{d}V \tag{7-5}$$

$$P = \int_V \boldsymbol{B}^{\mathrm{T}} \boldsymbol{D}_{ep} \boldsymbol{m} \frac{s_w + \xi p_w}{3K_s} \boldsymbol{N}_p \mathrm{d}V - \int_V \boldsymbol{B}^{\mathrm{T}} (s_w + \xi p_w) \boldsymbol{m} \boldsymbol{N}_P \mathrm{d}V$$

$$\tag{7-6}$$

$$\mathrm{d}f = \int_V \boldsymbol{N}_u^{\mathrm{T}} \mathrm{d}f \mathrm{d}V + \int_S \boldsymbol{N}_u^{\mathrm{T}} \mathrm{d}t \mathrm{d}S \tag{7-7}$$

采用 Galerkin 计算方法,则有:

$$\int_V \boldsymbol{a}^{\mathrm{T}} \bar{M} \mathrm{d}V + \int_S \boldsymbol{b}^{\mathrm{T}} \bar{N} \mathrm{d}S = 0 \tag{7-8}$$

式中　$\boldsymbol{a}, \boldsymbol{b}$——任意函数;

　　$\bar{M}$——控制方程;

　　$\bar{N}$——通过边界的连续性方程。

其中 $\bar{M}$ 即式(7-2); $\bar{N}$ 为渗流场分析中流量边界条件,即

$-\boldsymbol{n}^{\mathrm{T}} k k_t \left(\dfrac{\nabla p_w}{\rho_w} - g \right) = q_w$ 。

再将式(7-3)代入式(7-8),同时假定 $a = -b$,化简后可得:

$$M \frac{\mathrm{d}\bar{u}}{\mathrm{d}t} + N \bar{p}_w + H \frac{\mathrm{d}\bar{p}_w}{\mathrm{d}t} = \hat{f} \tag{7-9}$$

其中:

$$M = \int_V \boldsymbol{N}_p^{\mathrm{T}} \left[s_w \left(\boldsymbol{m}^{\mathrm{T}} - \frac{\boldsymbol{m}^{\mathrm{T}} \boldsymbol{D}_{ep}}{3K_s} \right) \boldsymbol{B} \right] \mathrm{d}V \tag{7-10}$$

$$N = \int_V (\nabla \boldsymbol{N}_p)^{\mathrm{T}} k k_t \nabla \boldsymbol{N}_p \mathrm{d}V \tag{7-11}$$

$$H = \int_V \boldsymbol{N}_p^{\mathrm{T}} \left\{ s_w \left[\frac{1-n}{K_s} - \frac{\boldsymbol{m}^{\mathrm{T}} \boldsymbol{D}_{ep} \boldsymbol{m}}{(3K_s)^2} \right] (s_w + p_w \xi) + \xi n + n \frac{s_w}{K_w} \right\} \boldsymbol{N}_p \mathrm{d}V$$

$$\tag{7-12}$$

$$\hat{f} = \int_S \boldsymbol{N}_p^{\mathrm{T}} q_{wb} \mathrm{d}S - \int_V (\nabla \boldsymbol{N}_P)^{\mathrm{T}} k k_t g \, \mathrm{d}V \tag{7-13}$$

将式(7-5)与式(7-9)联立,即可得到多孔介质应力-渗流耦合有限元离散方程,如下所示:

$$\begin{bmatrix} Q & P \\ M & H \end{bmatrix} \frac{\mathrm{d}}{\mathrm{d}t} \begin{Bmatrix} \bar{u} \\ \bar{p}_w \end{Bmatrix} + \begin{bmatrix} 0 & 0 \\ 0 & N \end{bmatrix} \begin{Bmatrix} \bar{u} \\ \bar{p}_w \end{Bmatrix} = \begin{Bmatrix} \dfrac{\mathrm{d}f}{\mathrm{d}t} \\ \hat{f} \end{Bmatrix} \qquad (7\text{-}14)$$

有限元分析软件在后处理提交工作求解过程中,将对式(7-14)直接进行运算求解。计算结果将根据数值范围在模型不同区域内以不同的色彩区分显示,亦称为云图显示,这种图形显示效果具有直观、迅速地对模型计算结果进行分析评估的作用。

7.3 ABAQUS/CAE 应力渗流耦合分析的实现

ABAQUS 是目前国际上公认的计算功能最全、运算能力最强的大型通用有限元软件之一,对于处理简单的有限元问题分析毫无压力,并且对于仿真十分庞杂的模型、解决工程实际中高度非线性问题非常有帮助,涉及土木、水利、机械、航空航天、汽车、电器等各个工程领域,应用范围极广[196]。

ABAQUS 内置计算模块可以对多孔介质的渗流和变形进行耦合分析,基于多孔介质有效应力原理、达西定律、渗流力学基本方程以及弹塑性力学理论可进行轴对称、平面应变、三维问题的多孔介质应力渗流耦合求解[197]。必须采用孔压呈线性分布的位移-孔压耦合单元进行分析,单元类型标识符通常以字母 P 结尾,位移可取一阶或二阶分布函数[197]。

同时,ABAQUS 采用 *Soil(Step→Create→Soils)分析步进行应力渗流耦合问题的求解。在该分析步内默认设置为 *Soil,steady state 求解稳态问题,若想求解瞬态问题,则需在 *Soil 分析步编辑框内 Pore fluid response 栏选择 Transient consolidation,以此激活 *Soil,consolidation。本章算例中除地应力平衡 Geo 分析步外,其他分析步均采用 Transient consolidation 进行计算,且其中 other 选项选择非对称分析。应力渗流耦合分析时其中重要的一步就是定义多孔介质的渗透系数,同时在 * Permeability 选项中 Specific weight of wetting liquid 输入框中设置流体重度。若将多孔介质的渗透性视为独立的场变量,还应在 INP 文件中相应位置添加 DEPENDENCIES 命令,使得某些场变量与渗透性相关,从而达到动态耦合分析计算的目的。进行应力渗流耦合分析时,除了施加正常的边界条件和载荷外,还需对自由度 8 即孔压进行相应的边界条件和载荷设置,例如排水边界可将孔压设置为零。值得注意的是, ABAQUS 除了初始应力外,通常还需进行初始孔隙比、初始孔隙水压力等其他初始条件的设置,然而对于低版本的 ABAQUS 操作软件来说,这些初始条件设置无法直接在 CAE 中实现,需要在 INP 文件中第一个分析步的定义语句之前插入相应的命令;ABAQUS/CAE 6.12 版本以上则可直接在 Load 模块中 Create Predfine Field 通过 GUI 创建。

7.4 基于应力渗流动态耦合作用的数值计算模型

7.4.1 井壁混凝土与围岩应力渗流耦合计算模型

7.4.1.1 混凝土塑性损伤模型

本章数值计算采用的是 ABAQUS/CAE 自带的混凝土塑性损伤模型,它是通过各向同性材料的弹性损伤结合材料在拉伸以及压缩作用下的塑性理论来反映其非弹性行为[198]。对于混凝土材料采用损伤塑性模型,其增量表达式如下:

$$\mathrm{d}\sigma_{ij} = (1 - d_h)\boldsymbol{D}^0_{ijkl} : (\mathrm{d}\varepsilon_{kl} - \mathrm{d}\varepsilon^p_{kl}) \qquad (7\text{-}15)$$

式中　σ_{ij} ——有效应力张量;

　　　d_h ——混凝土损伤变量;

　　　$\boldsymbol{D}^0_{ijkl}$ ——混凝土初始无损刚度矩阵;

　　　ε_{kl} ——总应变;

ε_{kl}^{p}——塑性应变。

此外,混凝土材料塑性损伤模型中有效应力还应满足屈服函数 F,如下所示:

$$F(\bar{\sigma}, \tilde{\varepsilon}^{pl}) = \frac{1}{1-\alpha}\{\bar{q} - 3\alpha\bar{p} + \beta(\tilde{\varepsilon}^{pl})(\hat{\bar{\sigma}}_{\max}) - \gamma(-\hat{\bar{\sigma}}_{\max})\} - \bar{\sigma}_c\tilde{\varepsilon}^{pl} \leqslant 0$$

(7-16)

式中 $\bar{q}$——Mises 有效应力;

$\bar{p}$——屈服面上等效静水压力;

α,γ——无量纲材料常数;

$\beta = \dfrac{\bar{\sigma}_c\bar{\varepsilon}_c^{pl}}{\bar{\sigma}_t\bar{\varepsilon}_t^{pl}}(1-\alpha) - (1+\alpha)$。

同时采用非关联的流动法则,如下所示:

$$\dot{\bar{\varepsilon}}^{pl} = \dot{\lambda}\frac{\partial G(\bar{\sigma})}{\partial(\bar{\sigma})}$$

(7-17)

式中 $\dot{\lambda}$——非负流动因子;

G——定义在有效应力空间的流动势。

7.4.1.2　围岩塑性损伤本构模型

高地应力下围岩裂隙岩体在经过开挖卸载与应力调整后会局部达到屈服,进入残余强度阶段,并带来渗透系数的改变,因此考虑采用塑性损伤本构模型,认为等效塑性应变和损伤变量符合一阶指数衰减函数,得到如下损伤演化方程[195]:

$$D_r = M_0 e^{-\frac{\bar{\varepsilon}_{pn}}{\beta}} + N_0$$

(7-18)

式中 D_r——围岩裂隙岩体损伤变量;

$\bar{\varepsilon}_{pn}$——归一化的等效塑性应变;

$M_0 = \dfrac{1}{e^{-1/\beta} - 1}$,$N_0 = -\dfrac{1}{e^{-1/\beta} - 1}$,其中 β 为材料参数,

本算例取 $\beta = 0.2$。

屈服条件采用 Drucker-Prager 非相关联屈服准则[199]。

7.4.2 井壁混凝土损伤塑性模型参数的确定

ABAQUS/CAE 所提供的损伤塑性模型主要用于模拟混凝土材料的损伤破坏过程。而在模拟过程中,还需分别定义混凝土材料受拉、受压时的弹性参数和非弹性参数,通常该类参数的确定可由混凝土结构设计规范或试验确定。本章模型材料井壁混凝土相关参数的确定将上述两种方法相结合,即根据混凝土立方体试件实际单轴抗压/抗拉强度和弹性模量,同时结合规范中给出的单轴抗压/抗拉应力-应变曲线方程及相应峰值应变等相关计算公式确定。需要指出的是,在计算过程中首先得到的是名义应力、应变值,应按式(7-19a)和式(7-19b)进行转换,使其成为真实应力、应变。

$$\varepsilon_{\text{true}} = \ln(1 + \varepsilon_{\text{nom}}) \tag{7-19a}$$

$$\sigma_{\text{true}} = \sigma_{\text{nom}}(1 + \varepsilon_{\text{nom}}) \tag{7-19b}$$

最终在选用 ABAQUS 混凝土塑性损伤模型参数时,应采用屈服应力与非弹性应变,而不是塑性阶段受压受拉应力、应变值。非弹性应变与塑性应变也不尽相同,受压阶段的非弹性应变与受拉阶段的开裂应变可依据下式计算:

$$\varepsilon^{in} = \varepsilon_c - \varepsilon_{0c}^{el} = \varepsilon_c - \frac{\sigma_c}{E} \tag{7-20a}$$

$$\varepsilon^{ck} = \varepsilon_t - \varepsilon_{0t}^{el} = \varepsilon_t - \frac{\sigma_t}{E} \tag{7-20b}$$

此外,受压损伤因子 d_c 由图解法确定,按照下式取值:

$$d_c = 1 - \frac{\sigma_c E^{-1}}{\varepsilon_c^{pl}(1/b_c - 1) + \sigma_c E^{-1}} \tag{7-21}$$

上式中 $b_c = \varepsilon_c^{pl}/\varepsilon_c^{in}$,由循环荷载卸载再加载应力路径确定[200]。

受拉损伤因子 d_t 由能量等价法确定,按照下式取值:

$$d_t = 1 - \sqrt{\frac{f_t/\varepsilon_t E}{\alpha_t (x-1)^{1.7} + x}} \tag{7-22}$$

上式中 $x = \varepsilon/\varepsilon_0$。

7.4.3 有限元数值计算模型的建立

由于煤矿立井井筒深埋于地下,纵向跨度可达千米;若采用井筒原型进行数值仿真计算,所建模型非常庞大且地层结构复杂,计算量大,对计算机本身的配置要求高。综上考虑,本模型算例决定采用平面应变问题进行分析处理。

首先确定一定几何范围内的模型外边界,由于同时考虑井筒开挖时周边围岩的应力渗流动态耦合效应,且根据现有理论分析可知,要尽可能地减少围岩对井壁计算结果的影响,模型边界应足够大,至少是井筒开挖半径的 8 倍以上[201-202],故本算例模型边界取10 倍井筒。其次进行初始地应力平衡,根据 Terzaghi 有效应力原理和自重应力场确定地层初始应力场,对模型初始应力进行赋值并计算,同时假定井壁处于隔水状态,不排水。随后采用软化模量法,在井壁施工前将开挖区围岩单元弹性模量减少 50%,用来仿真应力释放效应。最后随着时间的推移,进行应力-渗流-损伤耦合计算。

由于分析对象具有对称性特征,故可取四分之一模型进行数值计算。在 ABAQUS/CAE 中分别创建 rock 部件和 shaft 部件,其中 rock 部件赋予围岩材料属性,边界为矩形,网格划分时自井筒开挖段向模型外边界采用由密到疏的方法进行结构划分,共得到 936 个 CPE4P 单元;shaft 部件赋予井壁混凝土材料属性,开挖半径为5.25m,壁厚 1.25m,采用均匀布置的方法进行结构划分,共得到144 个 CPE4P 单元。建立好的数值计算模型如图 7-2 所示。

模型材料参数选取如下:井壁混凝土立方体单轴抗压强度为73.5MPa,抗拉强度为 6.95MPa,弹性模量为 39500MPa,泊松比为0.2,初始渗透系数为 1e-4m/d,初始孔隙度为 0.055。其中损伤塑性模型中膨胀角、流动势偏移量、单轴与双轴受压强度极限比、不变量应力比以及黏滞系数则参考文献[203]进行取值,分别为 30°、0.

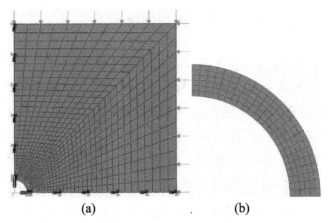

图 7-2　有限元数值计算模型

(a)井壁和围岩共同作用模型;(b)井壁模型

1、1.16、0.6667、0.0005,损伤塑性模型中井壁混凝土拉压力学行为则由本章 7.4.2 节确定。围岩弹性模量为 20000MPa,泊松比为 0.19,内摩擦角为 25°,黏聚力为 1.5MPa,初始渗透系数为 4e-4m/d,初始孔隙度为 0.4。

7.4.4　动态耦合分析的实现

　　传统的数值模拟计算过程中通常并没有考虑动态耦合影响,即认为混凝土和围岩的渗透系数和孔隙率在整个开挖卸载变形过程中是保持不变的。然而混凝土和围岩等多孔介质在受到外荷载作用或扰动后微观几何形状必将发生改变,骨架颗粒重新排列导致孔隙率与渗透性发生变化[195]。因此,渗透系数不再是一成不变的常量,而应该是一个变量,且可以表示成与孔隙率、应变、损伤相关的函数。

　　由文献[204-205]可得出混凝土渗透系数与孔隙率的函数关系,从而搭建动态耦合分析桥梁,具体函数关系如下所示:

$$k_c(n) = k_{c0} \left(\frac{n}{n_0}\right)^{\beta} \tag{7-23}$$

式中　k_{c0}——井壁混凝土初始渗透系数;

n_0 —— 井壁混凝土初始孔隙率；

β —— 模型常参数。

围岩则根据渗流立方定律，有[195]：

$$k_r = (1 - D_r)k_r^M + D_r k_r^D (1 + \varepsilon_v^{pF})^3 \qquad (7\text{-}24)$$

$$\varepsilon_v^{pF} = D_r \varepsilon_v^p$$

式中　D_r —— 损伤变量；

ε_v^p —— 塑性体积应变；

k_r^M，k_r^D —— 非损伤围岩和破损围岩的渗透系数。

又根据文献[195,204]可知，多孔介质孔隙率与体积应变存在具体的函数关系，因此在进行动态耦合分析时，根据混凝土和围岩各自渗透系数与变形的动态关系，可采用 FORTRAN 语言编写子程序 USDFLD. for 进行计算模型的二次开发。本章算例涉及两个用户子程序，需要将其源代码写在一个文件中，然后再用一个总的子程序进行调用，在增量开始（或一个线性摄动分析步的基本状态中）通过实用子程序 GETVRM 来访问材料积分点信息，计算过程中每迭代一步调用一次子程序，渗透系数随之更新，从而实现应力场与渗流场的动态耦合[195,197]。

由于过去针对煤矿立井井筒稳定性开展数值计算时要么没有考虑应力场与渗流场的耦合影响[206-207]，要么考虑应力渗流耦合影响时忽略了渗透系数和孔隙率处于动态变化状态中，而认为其是一个定值[208]。因此，为了将本章的研究成果与传统的数值计算结果进行比较分析，在数值仿真计算过程中，模型内施加静水压力和有效应力，且考虑地下水压作用下井壁混凝土和围岩的应力渗流动态耦合作用效应，即通过 * USER DEFINED FIELD 命令识别和调用本章编写的 USDFLD. for 子程序，同时在 INP 文件中激活相应的场变量，以此实现孔隙率和渗透系数的动态变化。同时在建模过程中对相应计算模型进行简化，即假定井壁混凝土为多孔介质均质材料，忽略温度影响，此外假定水在混凝土内渗流时满足达西定律，符合各向同性渗流条件。

7.4.5 数值计算结果分析

假定模型受均匀地压作用,水平初始地压恒为 9.26 MPa[191,209-210],在此基础上考虑不同地下水压作用时混凝土井壁应力损伤情况。同时规定拉应力作用时为正,压应力作用时为负。

当地下水压为 4.5MPa 时,数值计算结果显示混凝土井壁未发生拉压损伤,此时井壁处于弹性受力阶段,井筒可以安全运营。此时,Mises 应力最大为 18.43MPa,发生在井壁内边缘,这是因为内侧井壁混凝土较外侧相比其处于二向受力状态,进而可用第四强度理论解释井壁发生破坏时均从内侧率先发生屈服,随后应力向外侧逐渐发生转移,内外侧混凝土微裂纹沟通贯穿形成宏观裂纹后最终井壁发生破坏。

此时,围岩作用在井壁上的径向有效应力为－0.274MPa,尚处于压应力作用,由于开挖卸载等原因造成的围岩损伤区分布如图7-3 所示。围岩损伤区域主要临近开挖区,且距离越近,损伤越大;由于开挖时间短,井壁周边不排水,围岩渗透系数在开挖后发生了变化,然而对应力场的影响较为微弱。

当地下水压为 5.5MPa 时,整个模型 Mises 应力计算结果如图7-4 所示,此时井壁内侧 Mises 应力分布同样处于最大位置,约为 19.86MPa,与地下水压 4.5MPa 时相比提高了 7.76%,由此可见在水平地压保持不变的情况下,地下水压力的增加对井筒安全运营构成的威胁越来越大。需要指出的是,由于井壁外缘节点与围岩开挖区外侧节点采用 Node to surface 绑定设置,故两侧的节点划分疏密程度必须相同,否则节点间计算结果相互叠加干扰了最终计算结果,使得井壁外缘与围岩开挖区外缘接触处 Mises 应力云图呈斑点状分布。

此时,井壁受到围岩作用的径向有效应力为 0.393MPa,与地

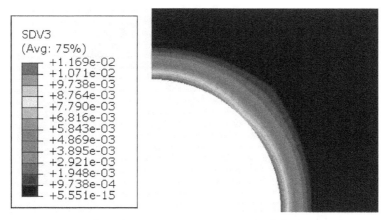

图 7-3　地下水压为 4.5MPa 时围岩开挖卸载损伤区分布云图

下水压为 4.5MPa 时相比,井壁受到围岩径向作用开始由压应力转向为拉应力,叠加静水压力共同作用后,井壁承受的总径向应力为 5.107MPa,约为初始地层应力的 55.15%,由此可见围岩对井壁起到了降低荷载的作用。

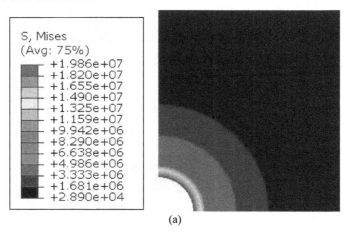

(a)

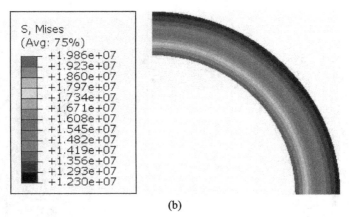

(b)

图 7-4　有限元数值计算模型 Mises 应力云图

(a)整体模型；(b)井壁模型

地下水压为 5.5MPa 时井壁已发生损伤，损伤区云图如图 7-5 所示，拉压损伤区均发生在井壁内侧，与 Mises 最大应力处相对应，这也符合实际煤矿立井井筒工程实践经验。由损伤区云图可以看出，在地下水压为 5.5MPa 时，混凝土井壁受拉损伤大于受压损伤；围岩对井壁径向压应力作用效果减弱，从而使得拉应力作用效果愈加突出，数值计算结果显示井壁受拉损伤程度约是受压损伤程度的 5 倍。又由于混凝土作为煤矿井筒的主要筑壁材料，表现出明显的脆性特征，井壁混凝土抗压强度远大于抗拉强度，通常抗拉强度仅为抗压强度的 $1/12\sim1/10$[9]，相对而言，地下水压越大，越不利于煤矿立井井筒的安全。

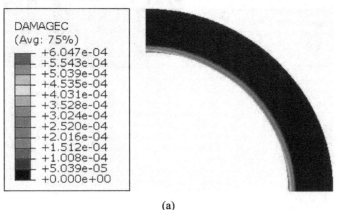

(a)

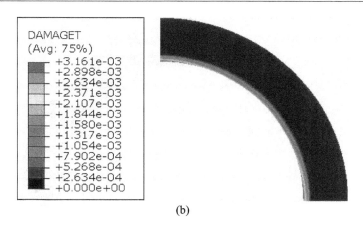

(b)

图 7-5 地下水压为 5.5MPa 时混凝土井壁拉压损伤区云图

(a)压损伤区;(b)拉损伤区

当地下水压为 6MPa 时,由混凝土井壁拉压损伤区云图可知,此时井壁已发生受拉破坏,如图 7-6 所示。由前述分析可知,在水平地压保持不变的情况下,随着地下水压力增加,井壁受到的拉应力作用效果越来越大,又由于混凝土抗拉强度相对于抗压强度小得多,故使得最终井壁发生受拉破坏[211],受拉损伤值最大已达到 0.9033,发生在井壁中心内侧位置,此时受压损伤最大值为 0.1687,且从云图显示区域面积来看最大受压损伤区域要比最大受拉损伤区域小得多。

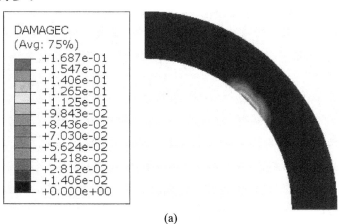

(a)

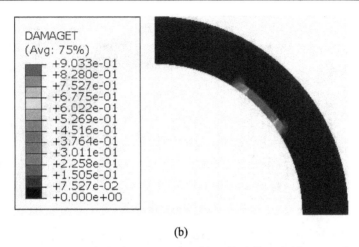

(b)

图 7-6　地下水压为 6MPa 时混凝土井壁拉压损伤区云图

(a)压损伤区；(b)拉损伤区

　　围岩最终损伤区分布如图 7-7 所示，与地下水压为 4.5MPa 时相比损伤增大，且最大损伤区域向围岩内延伸，紧邻井壁处损伤值最大，且距井筒中心线处距离由近到远损伤值依次减小，一定范围外围岩则未发生损伤。随着开挖的进行，围岩内裂隙不断得到发展贯通，其水力性质相应地也发生变化，渗透系数呈现出明显增大的迹象，如图 7-8 所示，越靠近开挖区，围岩外侧渗透系数增加越大，最大处增加了约两个数量级。由本章 7.1 节分析可知，混凝土井壁在应力渗流动态耦合过程中，渗透系数和孔隙率将不断变化，且同样呈现出明显增大的趋势，其最终渗透系数分布云图如图 7-9 所示，最大处增加了三个数量级，且增大区域和损伤区域极为接近。

　　下面就采用本章所建立的混凝土井壁动态耦合模型（考虑渗透系数与孔隙率的动态演化特征）与传统的应力渗流耦合模型（认为渗透系数和孔隙率是一个定值，不考虑损伤演化）对相关参数进行分析和处理。针对上述两种不同的模型数值计算方案进行对比分析。根据各自的计算结果沿井壁模型中心对称位置与原点呈 45°对角线上的节点创建路径，相应地提取各自最大主应力和受压损伤值，并采用 Origin 绘图软件制图，如图 7-10 所示。

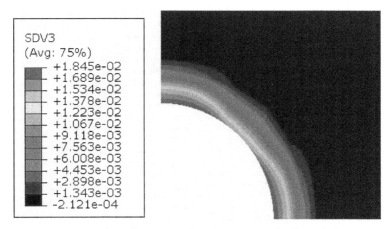

图 7-7　地下水压为 6MPa 时围岩开挖卸载损伤区分布云图

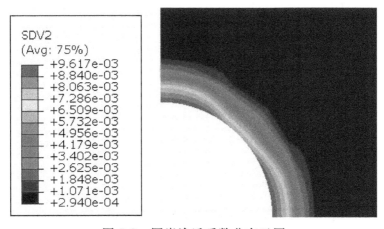

图 7-8　围岩渗透系数分布云图

由图 7-10 可以看出,采用动态耦合与传统耦合两种不同的数值计算方案,井壁最大主应力计算结果和损伤计算结果都相差不大;最大主应力的最大变化率仅为 7.9%,而损伤最大变化率为 15.85%,无论是最大主应力计算结果还是损伤计算结果均表明动态耦合对井壁的影响范围较为有限。结合前述分析可知,可能是因为井壁大部分区域未发生损伤,仍然处于弹性阶段,渗透系数和孔隙率变化不大。当井壁壁厚超过 0.4m 时,最大主应力和损伤在两种不同计算方

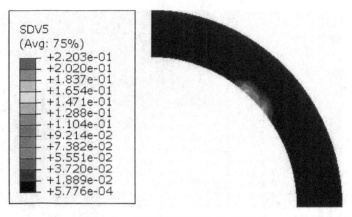

图 7-9　井壁渗透系数分布云图

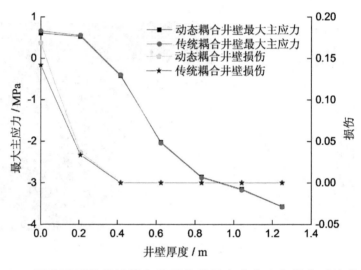

图 7-10　两种不同数值计算方案下井壁最大主应力与损伤对比分析图

案下结果十分接近。结合图 7-6 可以看出当井壁混凝土开始屈服,发生损伤时,考虑动态耦合对其计算结果影响较大。针对混凝土井壁而言,动态耦合状态下内侧受拉应力作用,其值小于传统耦合状态下数值计算结果,拉应力作用效果减弱,相应的压应力作用效果增强,故井壁内侧损伤在动态耦合计算方案下要比传统耦合计算结果大。

7.5　本章小结

（1）揭示了地下水压作用下，井壁混凝土应力场与渗流场动态耦合力学机理，提出渗透系数和孔隙率是处于动态变化的，而不是一个定值；同时给出了应力渗流耦合过程中具体的动态分析方法，为动态耦合分析提供了有效途径。

（2）利用 ABAQUS 有限元数值计算软件内置的应力渗流耦合模块，采用 FORTRAN 语言编写子程序 USDFLD.for 对其进行二次开发，实现同时考虑井壁和围岩处于动态耦合状态，对井壁和围岩在相同水平地压、不同地下水压作用时应力损伤情况进行了详细分析。

（3）采用动态耦合与传统耦合两种不同的数值计算方案，在井壁损伤区得到的计算结果存在较大的差别，主要是由于损伤区井壁渗透系数变化大，地下水渗流效果更加突出，从而进一步加剧了井壁混凝土损伤。

参考文献

[1]熊敏瑞.论我国能源结构调整与能源法的应对策略[J].生态经济,2014,30(3):103-108.

[2]郑欢.中国煤炭产量峰值与煤炭资源可持续利用问题研究[D].成都:西南财经大学,2014.

[3]胡社荣,彭纪超,黄灿,等.千米以上深矿井开采研究现状与进展[J].中国矿业,2011,20(7):105-110.

[4]张文.我国冻结法凿井技术的现状与成就[J].建井技术,2012,33(3):4-13.

[5]庞涛.深厚冲积层超深冻结井筒井壁结构设计[J].煤炭与化工,2014,37(1):89-92.

[6]彭世龙,荣传新,程桦.潘三煤矿西风井井壁突水机理分析[J].广西大学学报(自然科学版),2015,40(4):1038-1043.

[7]杨更社,奚家米.煤矿立井冻结设计理论的研究现状与展望分析[J].地下空间与工程学报,2010,6(3):627-635.

[8]吴双白.8.3m超大井筒钻井井壁设计[J].现代矿业,2012,516(4):82-84.

[9]中华人民共和国住房和城乡建设部.混凝土结构设计规范:GB 50010—2010[S].北京:中国建筑工业出版社,2012.

[10]张瑾.青岛富水砂层隧道变形机理及其控制对策研究[D].北京:中国矿业大学(北京),2013.

[11]薛维培,姚直书,徐进,等.高压水直接作用下井壁混凝土真实强度特性研究[J].硅酸盐通报,2016,35(7):2254-2258.

[12]邓友生,闫卫玲,杨敏,等.环境水对混凝土静力强度影响

的研究进展[J].水利水电科技进展,2015,35(4):99-104.

[13]姚直书,黄小飞,程桦.特厚冲积层冻结井壁受力机理与设计优化[J].西安科技大学学报,2010,30(2):169-174.

[14]过镇海.混凝土的强度和本构关系原理与应用[M].北京:中国建筑工业出版社,2004.

[15] O'SHEA M D,BRIDGE R Q. Design of circular thin-walled concrete filled steel tubes[J]. Journal of Structural Engineering, ASCE,2000,126(11):1295-1303.

[16]周晓敏,胡启胜,马成炫,等.围岩对竖井井壁承载能力影响的对比研究[J].煤炭学报,2012,37(S1):26-32.

[17]姚直书,蔡海兵,程桦,等.特厚表土层钻井井壁底结构分析与设计优化[J].煤炭学报,2009,34(6):747-751.

[18]洪伯潜.约束混凝土结构在井筒支护中的研究与应用[J].煤炭学报,2000,25(2):150-154.

[19]崔广心,杨维好,柯昌松.厚表土层中竖井沥青夹层复合井壁的试验研究[J].中国矿业大学学报,1995,24(4):11-17.

[20]姚直书,程桦,杨俊杰.深表土中高强钢筋混凝土井壁力学性能的试验研究[J].煤炭学报,2004,29(2):167-171.

[21]姚直书.巨厚冲积层钢筋钢纤维高强混凝土井壁试验研究[J].岩石力学与工程学报,2005,24(7):1253-1258.

[22]姚直书,程桦,荣传新.特厚表土层双层钢板高强高性能混凝土钻井井壁试验研究[J].岩石力学与工程学报,2007,26(S2):4264-4269.

[23]姚直书,程桦,荣传新.深冻结井筒内层钢板高强钢筋混凝土复合井壁试验研究[J].岩石力学与工程学报,2008,27(1):153-160.

[24]韩涛,杨维好,任彦龙,等.钢骨混凝土井壁水平极限承载特性的试验研究[J].采矿与安全工程学报,2011,28(2):181-186.

[25]黄家会,杨维好.井壁竖直附加力变化规律模拟试验研究[J].岩土工程学报,2006,28(10):1204-1207.

[26]周晓敏,周国庆,胡启胜,等.高水压基岩竖井井壁模型试验研究[J].岩石力学与工程学报,2011,30(12):2514-2522.

[27]经来旺,高全臣,徐辉东,等.冻结壁融化阶段井壁温度应力研究[J].岩土力学,2004,25(9):1357-1362.

[28]崔广心.深厚表土中圆筒形冻结壁和井壁的力学分析[J].煤炭科学技术,2008,36(10):17-21.

[29]杨更社,吕晓涛.富水基岩井筒冻结壁砂质泥岩力学特性试验研究[J].采矿与安全工程学报,2012,29(4):492-496.

[30]荣传新,王秀喜,蔡海兵,等.基于流固耦合理论的煤矿立井井壁突水机理分析[J].煤炭学报,2011,36(12):2102-2108.

[31]周晓敏,陈建华,罗晓青.孔隙型含水基岩段竖井井壁厚度拟订设计研究[J].煤炭学报,2009,34(9):1174-1178.

[32]薛维培,宋海清,陈志勇,等.冻结井壁高强高性能混凝土配制及应用[J].建井技术,2014,35(2):45-48.

[33]李武,朱合华.大粒径高流态井壁混凝土的研究与应用[J].煤炭工程,2006,38(2):34-35.

[34]姚直书,高扬,宋海清.冻结井壁防裂抗渗高性能混凝土试验研究[J].硅酸盐通报,2014,33(4):918-922.

[35]杨明飞.负温井壁混凝土用多功能防冻剂的研究[J].煤炭科学技术,2008,36(4):28-31.

[36]徐晓峰.水压作用下井壁高强混凝土力学性能的试验研究[D].北京:中国矿业大学(北京),2016.

[37]王衍森,黄家会,李金华,等.冻结井外壁高强混凝土的早期强度增长规律研究[J].中国矿业大学学报,2008,37(5):595-599.

[38]刘娟红,陈志敏,纪洪广.基于早龄期荷载及负温耦合作用

下的仿钢纤维井壁混凝土性能的研究[J].煤炭学报,2013,38(12)：2140-2145.

[39]黄琦,胡峰.爆炸荷载下混凝土的力学特性测试研究[J].煤炭学报,1996,21(5):502-504.

[40]单仁亮,王二成,李慧,等.西北冻结立井砼井壁爆破损伤模型[J].煤炭学报,2015,40(3):522-527.

[41]刘娟红,卞立波,何伟,等.煤矿矿井混凝土井壁腐蚀的调查与破坏机理[J].煤炭学报,2015,40(3):528-533.

[42]李旭绒,纪洪广,王军,等.混凝土井壁受盐害侵蚀后的强度损伤试验研究[J].金属矿山,2014,460(10):157-160.

[43]张力伟.混凝土损伤监测声发射技术应用研究[D].大连：大连海事大学,2012.

[44]DENG J, XIAO M. Dynamic response analysis of concrete lining structure in high pressure diversion tunnel under seismic load[J]. Journal of Vibroengineering,2016,18(2):1016-1030.

[45]TERZAGHI K. Die berechnung der durchlassigkeitsziffer des tones aus dem verlauf der hydrodynamischen spannungserscheinungen [J]. Sitzungsberichte der Akademie der Wissenschaften in Wien, Mathematisch-Naturwissenschaftliche Klasse,Abteilung IIa,1923,132:125-138.

[46] RENDULIC L. Porenziffer and porenwasserdruck in tonen[J]. Der Bauingenieur,1936,17:559-564.

[47]BIOT M A. Le problème de la consolidation des matières argileuses sous une charge[J]. Annales de la Société Scientifique de Bruxelles,1935,B55:110-113.

[48]BIOT M A. General theory of three dimensional consolidations[J]. Journal of Applied Physics,1941,12:155-164.

[49]BIOT M A. Theory of elasticity and consolidation for a

porous anisotropic solid[J]. Journal of Applied Physics,1995,26:
182-185.

[50] RICE J R, CLEARY M P. Some basic stress diffusion solution for fluid saturated elastic porous media with compressible constituent[J]. Reviews of Geophysic & Space,1976,14:227-241.

[51]DE BOER R. Highlights in the historical development of the porous media: Toward consistent macroscopic theory[J]. Applied Mechanics Reviews,1996,49(4):201-262.

[52]COUSSY O. Mechanics of porous continua[M]. New York: John Wiley & Sons,1995.

[53]COUSSY O. Poromechanics[M]. Landon: John Wiley & Sons,2004.

[54]王春波,丁文其,陈志国,等.超深基坑工程渗流耦合理论研究进展[J].同济大学学报(自然科学版),2014,42(2):238-245.

[55]李金兰.泥岩渗流-应力-损伤耦合及渗透性自愈合研究[D].武汉:武汉大学,2014.

[56]毛海涛,何华祥,邵东国,等.无限深透水坝基渗流场与应力场耦合分析[J].水动力学研究与进展,2015,A辑30(2):223-229.

[57]赵茉莉.复杂坝基岩体渗流应力耦合流变模型研究及应用[D].济南:山东大学,2014.

[58]陆银龙.渗流-应力耦合作用下岩石损伤破裂演化模型与煤层底板突水机理研究[D].徐州:中国矿业大学,2013.

[59]BRACE W F,WALSH J B,FRANGOS W T. Permeability of granite under high pressure[J]. Journal of Geophysical Research, 1978,73(6):2225-2236.

[60] LOUIS C. Indroduction a hydrauliue des roches[J]. BULL BRGM,III,1974,4:283-356.

[61]ODA M. An equivalent model for coupled stress and fluid flow analysis in jointed rock masses [J]. Water Resources Research,1986,22(13):1845－1856.

[62]POPP T,KERN H,SCHULZE O. Evolution of dilatancy and permeability in rock salt during hydrostatic compaction and triaxial deformation[J]. Journal of Geophysical Research Solid Earth,2001,106(83):4061－4078.

[63] SAMIMI S, PAK A. Three-dimensional simulation of fully coupled hydro-mechanical behavior of saturated porous media using Element Free Galerkin (EFG) method[J]. Computers and Geotechnics,2012,46:75－83.

[64] GRAZIANI A, BOLDINI D. Influence of hydro-mechanical coupling on tunnel response in clays[J]. Journal of Geotechnical and Geoenvironmental Engineering, 2012, 138(3): 415－418.

[65]常晓林. 岩体稳定渗流与应力状态的耦合分析及其工程应用初探//第一届全国计算岩土力学研讨会论文集[C]. 成都:西南交通大学出版社,1987,335－343.

[66]郭雪莽. 岩体的变形、稳定和渗流及相互作用研究[D]. 大连:大连理工大学,1990.

[67]徐献芝,李培超,李传亮. 多孔介质有效应力原理研究[J]. 力学与实践,2001,23(4):42－45.

[68]王伟,徐卫亚,王如宾,等. 低渗透岩石三轴压缩过程中的渗透性研究[J]. 岩石力学与工程学报,2015,34(1):40－47.

[69]陈子全,李天斌,陈国庆,等. 水力耦合作用下的砂岩声发射特性试验研究[J]. 岩土力学,2014,35(10):2815－2822.

[70]贾善坡,龚俊,高敏,等. 考虑自愈合效应的泥岩巷道开挖扰动区渗透性反演分析[J]. 岩土力学,2015,36(5):1444－1454.

[71]田威.混凝土损伤演化的 CT 研究及其在细观数值模拟中的应用[D].西安:西安理工大学,2009.

[72] BARY B, RANC G, DURAND S, et al. A coupled thermo-hydro-mechanical-damage model for concrete subjected to moderate temperatures[J]. International Journal of Heat and Mass Transfer,2008(51):2847 - 2862.

[73]PIGNATELLI R,COMI C,MONTEIRO P J M,et al. A coupled mechanical and chemical damage model for concrete affected by alkali-silica reaction[J]. Cement and Concrete Research,2013,53:196 - 210.

[74]KAJI T,FUJIYAMA C. Mechanical properties of saturated concrete depending on the strain rate[P]. 2nd International Conference on Sustainable Civil Engineering Structures and Construction Materials,2014.

[75]翁其能,吴秉其,秦伟.地下结构混凝土渗透损伤研究综述[J].材料导报 B:研究篇,2014,28(8):130 - 134.

[76]白卫峰,陈健云,范书立.饱和混凝土单轴拉伸动态统计损伤本构模型[J].防灾减灾工程学报,2009,29(1):16 - 21.

[77]李忠友,刘元雪.高温作用下混凝土热-水-力耦合损伤分析模型[J].应用数学和力学,2012,33(4):444 - 459.

[78]黄瑞源,李永池,章杰,等.压剪耦合损伤演化方程在混凝土本构模型中的应用[J].北京理工大学学报,2013,33(6):551 - 555.

[79]赵吉坤,张子明,祁顺彬.混凝土破裂过程习惯损伤与渗流耦合模拟[J].河海大学学报(自然科学版),2008,36(1):71 - 75.

[80]陈有亮,邵伟,周有成.水饱和混凝土单轴压缩弹塑性损伤本构模型[J].工程力学,2011,28(11):59 - 63.

[81]田俊,王文炜.盐冻融-荷载耦合作用下高性能混凝土试验

及损伤模型研究[J].混凝土,2015,306(4):60-64.

[82]邹超英,赵娟,梁锋,等.冻融作用后混凝土力学性能的衰减规律[J].建筑结构学报,2008,29(1):117-138.

[83]杜修力,金浏.混凝土静态力学性能的细观力学方法述评[J].力学进展,2011,41(4):411-426.

[84]冯乃谦,邢锋.高性能混凝土技术[M].北京:原子能出版社,2000.

[85]王四巍.多轴应力下塑性混凝土力学性能及破坏特征[M].北京:水利水电出版社,2015.

[86]刘发起.火灾下与火灾后圆钢管约束钢筋混凝土柱力学性能研究[D].哈尔滨:哈尔滨工业大学,2014.

[87]ROSS C A,JEROME D M,TEDESCO J W,et al. Moisture and strain rate effects on concrete strength[J]. ACI Material Journal,1996,93(3):293-300.

[88]TETSURI K,CHIKAKO F. Mechanical properties of saturated concrete depending on the strain rate[J]. Procedia Engineering,2014,95:442-453.

[89]YAMAN I O,HEARN N,AKTAN H M. Active and non-active porosity in concrete part Ⅰ:Experimental evidence [J]. Material and Structure,2002,35(3):102-109.

[90]YAMAN I O,HEARN N,AKTAN H M. Active and non-active porosity in concrete part Ⅱ:Evaluation of existing models[J]. Material and Structure,2002,35(3):110-116.

[91]ROSSI P,VAN MIER J G M,BOULAY C,et al. The dynamic behaviour of concrete:influence of free water[J]. Materials and Structures,1992,25(9):509-514.

[92]OSHITA H,TANABE T. Water migration phenomenon in concrete in post peak region[J]. Journal of Engineering

Mechanics,2000,126(6):573 - 581.

[93] BRUHUWILER E, SAOUMA V. Water fracture interaction in concrete—Part Ⅰ: Facture properties [J]. ACI Materials Journal,1995,92(3):296 - 303.

[94] BRUHUWILER E, SAOUMA V. Water fracture interaction in concrete—Part Ⅱ: Hydrostatic pressure in cracks [J]. ACI Materials Journal,1995,92(3):383 - 390.

[95]TINWAI R,GUIZANI L. Formulation of hydrodynamic pressure in cracks due to earthquakes in concrete dams[J]. Earthquake Engineering and Structural Dynamics,1994,23:699 - 715.

[96]CANDONI E,LABIBES K,ALBERTINI C,et al. Strain-rate effect on the tensile behaviour of concrete at different relative humidity levels[J]. Materials and Structures,2001,34(235):21 - 26.

[97] BOURGEOIS F, SHAO J F, OZANAM O. An elastoplastic model for unsaturated rocks and concrete [J]. Mechanics Research Communications,2002,29(5):383 - 390.

[98]DER WEGEN G V,BIJEN J,SELST R V. Behavior of concrete affected by sea-water under high pressure[J]. Materials and Structures,1993,26:549 - 556.

[99] BJERKELI L, JENSEN J J, LENSCHOW R. Strain development and static compressive strength of concrete exposed to water pressure loading[J]. ACI Structural Journal,1993,90(3): 310 - 315.

[100]李庆斌,陈樟福生,孙满义,等.真实水荷载对混凝土强度影响的试验研究[J].水利学报,2007,38(7):786 - 791.

[101]贾金生,李新宇,郑璀莹.特高重力坝考虑高压水劈裂影响的初步研究[J].水利学报,2006,37(12):1509 - 1515.

[102]李宗利,杜守来.高渗透孔隙水压对混凝土力学性能的影

响试验研究[J].工程力学,2011,28(11):72-77.

[103]胡伟华,彭刚,邹三兵.自然状态和水饱和状态混凝土损伤特性的对比分析[J].中国农村水利水电,2014,8:115-121.

[104]孔祥清,王学志,肖克见,等.水压力和轴力联合作用下常态混凝土的断裂试验研究[J].辽宁工业大学学报(自然科学版),2014,34(1):25-28.

[105]田为,彭刚,陈学强,等.在有压水环境中的混凝土率效应特性研究[J].土木工程与管理学报,2014,31(4):50-54.

[106]白卫峰,解伟,管俊峰,等.复杂应力状态下孔隙水压力对混凝土抗压强度的影响[J].建筑材料学报,2015,18(1):24-30.

[107]王海龙,李庆斌.孔隙水对湿态混凝土抗压强度的影响[J].工程力学,2006,23(10):141-144.

[108]黄常玲,刘长武,高云瑞,等.孔隙水压力条件下混凝土的破坏机理[J].四川大学学报(工程科学版),2015,47(S2):76-80.

[109]宋洪柱.中国煤炭资源分布特征与勘查开发前景研究[D].北京:中国地质大学(北京),2013.

[110]姚直书,程桦,荣传新.西部地区深基岩冻结井筒井壁结构设计与优化[J].煤炭学报,2010,35(5):760-764.

[111]洪伯潜.迅速发展的我国特殊凿井技术//中国煤炭学会第六次全国会员代表大会暨学术论坛论文集[C].北京,2007:1-8.

[112]龙志阳,肖瑞玲.中国立(竖)井凿井方法和现状//第十届全国采矿学术会议论文集——专题一:采矿与井巷工程[C].鄂尔多斯,2015:1-11.

[113]周兴旺.我国特殊凿井技术的发展与展望[J].煤炭科学技术,2007,35(10):10-17.

[114]戴良发,谭杰.我国煤矿立井特殊凿井技术的应用与发展[J].煤炭工程,2013,45(12):9-12.

[115]刘志强.机械井筒钻进技术发展及展望[J].煤炭学报,

2013,38(7):1116-1122.

[116]杨维好.十年来中国冻结法凿井技术的发展与展望[C]//中国煤炭学会成立五十周年高层学术论坛论文集.北京，2012:1-7.

[117]姚直书,王再举,程桦.冻结壁融化期间井壁受力变形分析与壁间注浆机理[J].煤炭学报,2015,40(6):1383-1389.

[118]薛维培,姚直书,宋海清,等.厚黏土层冻结法施工的煤矿井筒安全监测分析[J].中国安全科学学报,2016,26(4):137-143.

[119]徐芝纶.弹性力学[M].5版.北京:高等教育出版社,2016.

[120]李博融,奚家米,杨更社,等.混凝土水化热对白垩系地层井壁与冻结壁温度影响的实测研究[J].采矿与安全工程学报,2015,32(2):310-316.

[121]宋海清.深冻结井筒大体积高强混凝土配制及裂缝控制研究[D].淮南:安徽理工大学,2005.

[122]金浏.细观混凝土分析模型与方法研究[D].北京:北京工业大学,2014.

[123]THOMAS R J,PEETHAMPARAN S. Modified test for chloride permeability of alkali-activated concrete[C]. Transportation Research Board 95th Annual Meeting,2016 :16-5098.

[124]SHARMA A,MEHTA N. Structural health monitoring using image processing techniques-A review[J]. Structural Health Monitoring,2016,4(4):93-97.

[125]刘超琼.隐蔽裂缝对混凝土波动传播特性的影响规律研究[D].重庆:重庆交通大学,2015.

[126]TOUPIN R A. Saint-Venant's principle[J]. Archive for Rational Mechanics and Analysis,1965,18(2):83-96.

[127]刘猛,李小园,封超.SPSS 19.0 统计分析综合案例详解

[M].北京:清华大学出版社,2014.

[128]吴有明.活性粉末混凝土(RPC)受压应力-应变全曲线研究[D].广州:广州大学,2012.

[129]魏国瑞,潘沛,张建国,等.超声波声速测量新方法[J].西安建筑科技大学学报(自然科学版),2004,36(3):375 − 378.

[130]王海龙,李庆斌.饱和混凝土静动力抗压强度变化的细观力学机理[J].水利学报,2006,37(8):958 − 962.

[131]SLOWIK V,SAOUMA V E.Water pressure in propagating concrete cracks[J]. Journal of Structural Engineering,2000,126(2):235 − 242.

[132]刘保东,李鹏飞,李林.混凝土含水率对强度影响的试验[J].北京交通大学学报,2011,35(1):9 − 12.

[133]鹿群,张波,王丽.三轴受压再生混凝土强度及变形性能试验研究[J].世界地震工程,2015,31(3):243 − 250.

[134]郝宪杰,冯夏庭,江权.基于电镜扫描实验的柱状节理隧洞卸荷破坏机制研究[J].岩石力学与工程学报,2013,32(8):1647 − 1655.

[135]王春来,徐必根,李庶林,等.单轴受压状态下钢纤维混凝土损伤本构模型研究[J].岩土力学,2006,28(1):151 − 154.

[136]宁喜亮,丁一宁.钢纤维对混凝土单轴受压损伤本构模型的影响[J].建筑材料学报,2015,18(2):214 − 220.

[137]沈涛.活性粉末混凝土单轴受压本构关系及结构设计参数研究[D].哈尔滨:哈尔滨工业大学,2014.

[138]薛云亮,李庶林,林峰,等.考虑损伤阀值影响的钢纤维混凝土损伤本构模型研究[J].岩土力学,2009,30(7):1987 − 1999.

[139]WANG H L,XU W Y.Permeability evolution laws and equations during the course of deformation and failure of brittle rock[J].Journal of Engineering Mechanics,2013,139(11):1621

-1626.

[140]俞缙,李宏,陈旭,等.渗透压-应力耦合作用下砂岩渗透率与变形关联性三轴试验研究[J].岩石力学与工程学报,2013,32(6):1203-1213.

[141]彭苏萍,孟召平,王虎,等.不同围压下砂岩孔渗规律试验研究[J].岩石力学与工程学报,2003,22(5):742-746.

[142]李长洪,张立新,姚作强,等.两种岩石的不同类型渗透特性实验及其机理分析[J].北京科技大学学报,2010,32(2):158-164.

[143]张铭.低渗透岩石实验理论及装置[J].岩石力学与工程学报,2003,22(6):919-925.

[144]王环玲,徐卫亚.致密岩石渗透测试与渗流力学特性[M].北京:科学出版社,2015.

[145]WASANTHA P L P,DARLINGTON W J,RANJITH P G. Characterization of mechanical behaviour of saturated sandstone using a newly developed triaxial apparatus[J]. Experimental Mechanics,2013,53(5):871-882.

[146] WANG H L,XU W Y,SHAO J F. Experimental researches on hydro-mechanical properties of altered rock under confining pressures[J]. Rock Mechanics and Rock Engineering,2014,47(2):485-493.

[147]陈伟,彭刚,周寒清,等.湿态混凝土常规三轴压缩试验研究[J].水电能源科学,2014,32(4):121-124.

[148]王海龙,李庆斌.围压下裂纹中自由水影响混凝土力学性能的机理[J].清华大学学报,2007,47(9):1443-1446.

[149]RICHART F E,BRANDTZAEG A,BROWN R L. A study of the failure of concrete under combined compressive stresses[R]. Bulletin No. 185,Engineering Experiment Station,

Unviersity of Illinois,Urbana,1928.

[150]NEWMAN J B. Concrete under complex stresses[R]. Development in concrete technology-1,Lydon F D (ed),Applied Science,London,1979.

[151]BRESLER B, PISTER K S. Strength of concrete under combined stresses[C]//Journal Proceedings. 1958,55(9):321-345.

[152]张全胜,杨更社,任建喜.岩石损伤变量及本构方程的新探讨[J].岩石力学与工程学报,2003,22(1):30-34.

[153]ANSARI F,LI Q. High-strength concrete subjected to triaxial compression[J]. ACI Materials Journal,1998,95(6):747-755.

[154]俞茂宏.强度理论百年总结[J].力学进展,2004,34(4):529-560.

[155]过镇海,王传志.多轴应力下混凝土的强度和破坏准则研究[J].土木工程学报,1991,24(3):1-14.

[156]FAN S C,WANG F. A new strength criterion for concrete[J]. Structural Journal,2002,99(3):317-326.

[157]LIU M D,INDRARATNA B. Strength Criterion for Intact Rock[J]. Indian Geotechnical Journal,2017,47(3):261-264.

[158]薛维培,姚直书,荣传新,等.横向均布荷载下煤矿井壁结构模型试验研究[J].中国安全科学学报,2015,25(10):139-145.

[159]杜修力,黄景琦,金浏,等.混凝土三轴动态强度准则[J].水利学报,2014,45(1):10-17.

[160]左东启.模型试验的理论和方法[M].北京:水利电力出版社,1984.

[161]李想.深立井连接硐室群动态响应规律的模型实验研究[D].淮南:安徽理工大学,2009.

[162]袁璞.爆炸荷载作用下深部岩体分区破裂模型试验研究[D].淮南:安徽理工大学,2016.

[163]杨俊杰.深厚表土地层条件下的立井井壁结构[M].北京:科学出版社,2010.

[164]肖杰.相似材料模型试验原料选择及配比试验研究[D].北京:北京交通大学,2013.

[165]吴娟.西部地区冻结井筒内层井壁力学特性研究[D].淮南:安徽理工大学,2013.

[166]姚直书,薛维培,宋海清,等.富水松软岩层冻结法凿井井壁结构试验研究[J].广西大学学报(自然科学版),2014,39(2):231－236.

[167]RODRIGUEZ E M,KIM J,MORIDIS G J. Numerical investigation of potential cement failure along the wellbore and gas leak during hydraulic fracturing of shale gas reservoirs[C]. 50th US Rock Mechanics /Geomechanics Symposium. American Rock Mechanics Association,2016.

[168]LIM J C,OZBAKKALOGLU T,GHOLAMPOUR A, et al. Finite-element modeling of actively confined normal-strength and high-strength concrete under uniaxial, biaxial, and triaxial compression[J]. Journal of Structural Engineering,2016,142(11):1－12.

[169]刘天为,何江达,徐文杰.大理岩三轴压缩破坏的能量特征分析[J].岩土工程学报,2013,35(2):395－401.

[170]姚直书,邓昕.井壁混凝土强度准则的试验研究及其应用[J].山东科技大学学报(自然科学版),2000,19(1):54－57.

[171]王天政,麦晓文,赵书震,等.C100高性能混凝土在建井工程中的应用[J].中州煤炭,2015,12:75－77.

[172]蒋林华,熊传胜,储洪强,等.冻结深井用C100高强高性能

混凝土基本力学性能及机理研究[J].新型建筑材料,2012,7:67-71.

[173]李雪梅,荣传新,程桦.基于三参数强度准则的煤矿立井井壁流固耦合理论分析[J].长江科学院院报,2016,33(6):83-87.

[174]荣传新,程桦.地下水渗流对巷道围岩稳定性影响的理论解[J].岩石力学与工程学报,2004,23(5):741-744.

[175]张勇,孟丹.混凝土破裂过程渗流-应力-损伤耦合模型[J].辽宁工程技术大学学报(自然科学版),2008,27(5):680-682.

[176]翁其能,秦伟.高水压隧道衬砌渗流-应力-损伤耦合模型研究[J].铁道工程学报,2013(5):63-68.

[177]周维垣,剡公瑞,杨若琼.拉西瓦水电站原位试验洞对岩体弹脆性损伤本构模型反分析研究[C]//中国岩石力学与工程学会第三次大会论文集.北京,1994:543-551.

[178]周维垣,剡公瑞,杨若琼.岩体弹脆性损伤本构模型及工程应用[J].岩土工程学报,1998,20(5):54-57.

[179]蒲心诚,王冲,王志军,等.C100-C150超高强高性能混凝土的强度及变形性能研究[J].混凝土,2002,10:3-7.

[180]张玉敏.不同应变率下混凝土力学性能的试验研究[D].北京:北京工业大学,2012.

[181]卞康,肖明,刘会波.考虑脆性损伤和渗流的圆形水工隧洞解析解[J].岩土力学,2012,33(1):209-214.

[182]贾乃文.黏塑性力学及工程应用[M].北京:地震出版社,2000.

[183]LEMAITRE J. A course on damage mechanics[M]. Springer Science & Business Media,2012.

[184]LEMAITRE J. How to use damage mechanics[J]. Nuclear Engineering and Design,1984,80(3):233-245.

[185]陈明祥.弹塑性力学[M].北京:科学出版社,2007.

[186]吕晓聪,许金余.海底圆形隧道在渗流场影响下的弹塑性

解[J].工程力学,2009,26(2):216-221.

[187]黄卓,杨小礼.考虑渗透力和原始 Hoek-Brown 屈服准则时圆形洞室解析解[J].岩土力学,2010,31(5):1627-1632.

[188]张茂刚,陈俊松,三岛直生,等.多孔混凝土静压应力-应变关系的试验研究[J].工业建筑,2015,45(12):141-144.

[189]黄凯健,王俊彦,陆佳慧,等.新型大孔隙护坡生态混凝土力学性能研究[J].混凝土,2016,6:80-83.

[190]LEE I M,NAM S W. Effect of tunnel advance rate on seepage forces acting on the underwater tunnel face[J]. Tunnelling and Underground Space Technology,2004,19(3):273-281.

[191]罗晓青,周晓敏,梁生芳.高水压下围岩与竖井井壁相互作用的数值分析[J].煤炭工程,2013,45(1):15-18.

[192]周晓敏,罗晓青,马成炫,等.基岩下井壁与围岩相互作用的数值及模型试验研究[J].中国矿业,2012,21(s1):396-399.

[193]马秀伟,薛国强,饶国风.考虑流固耦合效应的高心墙堆石坝应力变形分析[J].中国农村水利水电,2011,6,106-109.

[194]刘明,章青,徐康,等.考虑损伤作用的岩体流固耦合分析[J].中国农村水利水电,2011,8,132-135.

[195]陈卫忠,伍国军,贾善坡,等.ABAQUS 在隧道及地下工程中的应用[M].北京:中国水利水电出版社,2010.

[196]张建华,丁磊.ABAQUS 基础入门与案例精通[M].北京:电子工业出版社,2012.

[197]费康,张建伟.ABAQUS 在岩土工程中的应用[M].北京:中国水利水电出版社,2010.

[198]王玉镯,傅传国.ABAQUS 结构工程分析及实例详解[M].北京:中国建筑工业出版社,2010.

[199]王金昌,陈页开.ABAQUS 在土木工程中的应用[M].杭州:浙江大学出版社,2006.

［200］BIRTEL V, MARK P. Parameterised finite element modelling of RC beam shear failure［C］//ABAQUS Users' Conference. 2006：95－108.

［201］谢康和,周健.岩土工程有限元分析理论与应用［M］.北京：科学出版社,2002.

［202］秦伟.高水压山岭隧道衬砌损伤机理与模型研究［D］.重庆：重庆交通大学,2014.

［203］刘巍,徐明,陈忠范.ABAQUS 混凝土损伤塑性模型参数标定及验证［J］.工业建筑,2014,44(S1)：167－171.

［204］刘仲秋,章青.考虑渗流-应力耦合效应的深埋引水隧洞衬砌损伤演化分析［J］.岩石力学与工程学报,2012,31(10)：2147－2153.

［205］YUAN S C, HARRISON J P. A review of the state of the art in modeling progressive mechanical breakdown and associated fluid flow in intact heterogeneous rocks［J］. International Journal of Rock Mechanics and Mining Sciences,2006,43(7)：1001－1022.

［206］黄小飞.特厚表土层冻结井壁的受力机理及设计理论研究［D］.淮南：安徽理工大学,2006.

［207］王凤娇.西部地区深基岩冻结井筒外层井壁力学特性与设计优化研究［D］.淮南：安徽理工大学,2013.

［208］许涛.西部地区深基岩冻结井筒井壁漏水成因与防治措施［D］.淮南：安徽理工大学,2015.

［209］冉小丰,王越之,贾善坡.泥页岩井壁稳定多场耦合数值模拟［J］.地下空间与工程学报,2015,11(S2)：474－478.

［210］陈红蕾.深厚冲积层圆形井筒水平地应力场初探［C］//2008 全国矿山建设学术会议论文集.黄山,2008：556－559.

［211］林凯生.高渗透孔隙水压作用下混凝土损伤破坏过程数值分析［D］.咸阳：西北农林科技大学,2010.